知识让世界更简单！

湛庐文化

Cheers Publishing

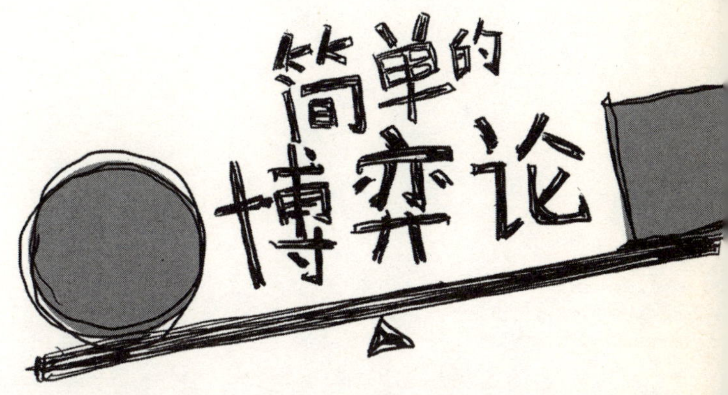

戦略的思考の技術
ゲーム理論を実践する

[日] 梶井厚志◎著　吴麒◎译

中国人民大学出版社
·北京·

一切为了您的阅读价值

常常阅读我们图书的读者一定都记忆犹新，2008年以前出版的图书中，都放置了一篇题为“一切为了您的阅读体验”的文章，文中所谈，如今都得到了读者的广泛认同，也得到了出版业内同行的追随。

在我们2008年以后的新书以及重印书中，读者会看到这篇“一切为了您的阅读价值”；而对于我们图书的新读者，我们特别在整本书的最后几页，放置了“一切为了您的阅读体验”的精编版。今后，我们将在每年推出崭新的针对读者阅读生活的不同设计和思考。

★ 您知道自己为阅读付出的最大成本是什么吗？

★ 您是否常常在阅读过一本书籍后，才发现不是自己要看的那一本？

★ 您是否常常发现书架上很多书籍都是一时冲动买下，直到现在一字未读？

★ 您是否常常感慨书籍的价格太贵，两百多页的书，值三十多元钱吗？

阅读的最大成本

读者在选购图书的时候，往往把成本支出的焦点放在书价上，其实不然。**时间才是读者付出的最大阅读成本**。

阅读的时间成本=选择图书所花费的时间+阅读图书所花费的时间+误读图书所浪费的时间

选择合适的图书类别

目前市场上的**图书来源**可以分为**两大类，五小类：**

1. 引进图书：引进图书来源于国外的出版公司，多为从其他语种翻译成中文而出版，反映国际发展现状，但与中国的实际结合较弱，这其中包括三小类：

a）教科书：这类书理论性较强，体系完整，但多为学科的基础知识，适合初入门的、需要系统了解一门学问的读者。

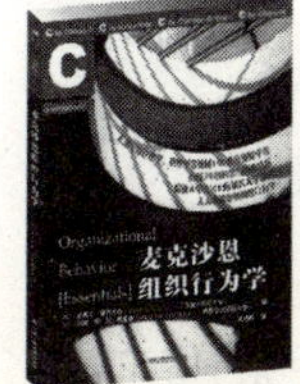

b）专业书：这类书理论性、专业性均较强，需要读者拥有比较深厚的专业背景，阅读的目的是加深对一门学问的理解和认识。

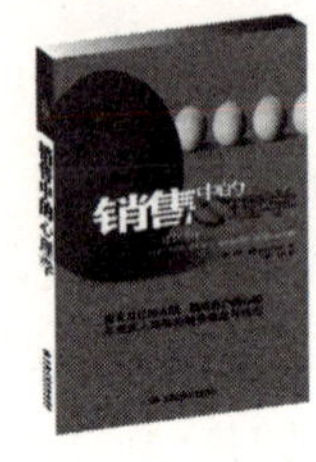

c）大众书：这类书理论性、专业性均不强，但普及性较强，贴近现实，实用可操作，适合一门学问的普通爱好者或实际操作者。

2. 本土图书：本土图书来源于中国的作者，反映中国的发展现状，与中国的实际结合较强，但国际视野和领先性与引进版相比较弱，这其中包括两小类，可通过封面的作者署名来辨别：

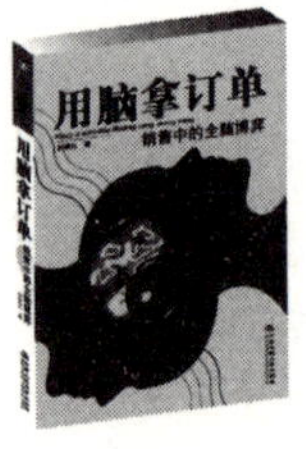

a）“著”作：这类图书大多为作者亲笔写就，请读者认真阅读“作者简介”，并上网查询、验证其真实程度，一旦发现优秀的适合自己的作者，可以在今后的阅读生活中，多加留意。系统地了解几位优秀作者的作品，是非常有益的。

b）“编著”图书：这类图书汇编了大量图书中的内容，拼凑的痕迹较明显，建议读者仔细分辨，谨慎购买。

七 阅读的收益

阅读图书最大的收益，来自于获取知识后，**应用于**自己的**工作和生活**，获得品质的**改善和提升**，由此，油然而生一种无限的**满足感**。

业绩的增长 

一张电影票

职位的晋升 

收益 ⇐ 一本书 ⇒ 花费

 一顿麦当劳

工资的晋级 

一次打车费

 两公斤肉

更好的生活条件 

序言

博弈论就是一种描述策略性思考方法和行动方法的工具。我们身边有很多事情都跟策略性思考方法有关，不管是采取一个行动，还是理解某个事物，都是在不知不觉中实践着策略性思考方法。本书就将尽可能通过身边的事例来告诉你，通过策略性思考究竟能明白什么，究竟什么是博弈论。

博弈论之所以在经济学中具有重要作用，是因为策略性思考方法是解释经济问题必不可少的工具，博弈论是逻辑性阐述策略性思考方法和行动方法的优秀工具。采用博弈论的经济分析手法，如今已成为经济学专家们做研究的惯例，而本书便是一本不涉及数学公式的简单的博弈论入门书。

为了使本书通俗易懂，我尽量用简单的语言进行描述，对于博弈论的学问体系和专业术语不做深入涉及。不过，第一部分的第2章和第3章，主要是为了初步讲述博弈论的理论知识，所以相对于其他章节，可能会比较难懂一些。大家如果感到困难，也可以从第二部分的第4章开始阅读。

我虽然专门研究经济理论，但是为了使本书读起来轻松活泼，使用了很多与一个理论学者应该具有的严谨治学态度不太符合的表达方式。同时，那些让其他专家看了便会皱眉头的跳跃性理论描述，在文中也是随处可见。当然，对于经济学专家们在乎的小问题，大部分情况下读者则可以忽略。如果想知道详细的理论，可以去看看那些专家们的论文或者是教材，因为我写的这本书都比较简单。我个人也讲求精神上的简洁，主张摈弃繁文缛节。在具体的事例上，尽量都描述准确，当然这些事例中也或多或少存在一些不合理性。但这些带有不合理性的事例，是特意加进去的，目的是为了帮助读者更好地理解所讲的内容。

虽然所选取的事例很多都是经济问题，但这本书还是为了那些没有系统性地学过经济学的读者而写的。再说经济学牵涉范围甚广，要找出身边完全跟经济问题没有关联的事例是非常困难的，所以，从这层意义上讲，要说对经济不懂、对经济不感兴趣的读者是很少的。如果本书能够使得各位读者在思考身边的经济现象时有新的想法，或者读完本书后能够让大家对已有的事情有新的发现，我都会备感欣慰。

戦略的思考の技術

目 录

第一部分 策略性思考的基础

第三部分

策略性解读身边的经济学

第一部分 戰略的思考の技術

策略性思考的基础

第1章 策略

策略性环境

商店的食品专卖柜在关门停止营业之际，总是会围绕着降价一事煞费苦心。每一家都希望能将这些食品当天售出，因此会在即将关门时对食品打折促销，因为隔夜的食品不新鲜，第二天根本就不会再有人买。但是，降价促销的时机不对又会对当天的销售额产生影响，所以商店不希望看到，在还有人愿意花原价购买的情况下对商品打折销售。而此时，在一旁蠢蠢欲动，等待出击的是这家店的老顾客们。他们会在自己想要买的商品的不远处徘徊，耐心地等着店家贴出降价的牌子。最后，也许店家也等得不耐烦了，这时店员便拿着降价20%的牌子，推着车从店内侧走出来。老顾客们也不含糊，紧跟着店员推车的节奏奔向自己想要买的东西，还不时提防着旁边的人，免得被他人抢了先机。这群消费者的敏捷身手，可以与在球场上积极防守的意大利足球队队员相媲美。

商店与这些老顾客们在商品价格上你攻我守的场景结构，会因为另外一个消费群体的出现而打破，那就是上班族。这些上班族不知道商店有降价一说，或者根本就不在乎是否降价。因为他们的出现，商店也就突然没有了降价的理由。老顾客们对这些“单纯无知”的上班族们一般都是冷面相对，因为他们知道这群人一来就意味着商品可能不打折了，本来他们与商店之间在价格上所保持的一个制衡就被打破，事情朝着有利于商店的方向发展。

你不可不知的博弈论名词

戦略的思考の技術

策略性环境：我们把这种不仅仅由自己的行动，同时也由其他人的种种行动及想法来决定相互之间利害关系的环境，称为策略性环境。也就是说，在这个环境中，自己的利害关系，不仅取决于自己怎么做，同时也取决于他人怎么做。

策略性思考方式：要求每个人都应意识到自己处在这样一个策略性环境当中，并思考采取一个合理的行动。

策略性分析：是指将社会经济现象放在一个策略性环境当中，在策略性思考方式的指导下做出决定的一种分析方法。

在纷繁复杂的社会经济生活当中，我们能够肯定的是，任何人的行动都会对他人的利益产生影响，同时，他人的行动也肯定会对自己产生影响。即使在商城的食品摊上买一袋生鱼片，其中涉及的也不仅仅是你与这家商城的利害关系，同时也在无形中产生了你与其他消费者的利害关系，因为你买了这袋生鱼片也就剥夺了他人买这袋生鱼片的权利。除非你是一个人在荒无人烟的孤岛上过着自给自足的生活，否则任何人都无法脱离这种利害关系。甚至即便是座孤岛，它的大气状况、周边的海洋环境也会受到某处其他人行动的影响。

所以，可以说我们身边所能观察到的任何事物，都是我们在策略性环境下做出决定后产生的结果，只是程度上有差异而已。换句话说，我们生活在这个社会中，不管是否喜欢，其实都是在不断地进行着策略性思考，找出有效的策略并付诸行动。一个公司，为了有效地定位自己的产品和产品价格，就必须预测竞争对手的行动。同时，公司在定位消费者群体，以及同消费者制订某种协议时，也要将竞争对手的顾客群考虑在内，只有这样才能做出有效的决策。

这种策略性决策不仅在商业中用得到，在我们的平常生活中也经常用到。就连去公司上班或者是去学校上学时穿什么样的衣服，也需要有这种决策。因为你的着装直接影响别人对你的态度，别人会根据你的穿着打扮对你表现出不同的行为态度。对于裙子的颜色与长短、领带与衬衫的搭配等问题，都需要考虑这种打扮会给其他人留下怎样的印象，然后再做出策略性的选择。自己不经意的一句话往往会造成一个无法预料的结果，这样的经历相信谁都有过。所以语言、表达方式的选择也是重要的策略性决策。邀请谁、怎么去邀请、去哪里吃饭、和谁结婚、什么时候结婚、怎样教育自己的孩子等，这些事情都需要在考虑清楚利害关系之后才能做出明智的行动决策。

但是，并不是每个人都能意识到自己处在一个策略性环境中。人们是否理解了自己所在的策略性环境结构，是否能做出合理的决定，这一点也值得怀疑。即使那些实际行动是策略性思考的结果，实际上也有很多人没有注意到认识这种策略的意义何在。所以，我们首先要让读者对策略性思考有个初步的感觉，让他们看清身边的那些策略性环境的结构。

博弈论是在策略性环境下进行思考并做出决策的工具。2001年，一部叫做《美丽心灵》的电影让更多人知道了博弈论这个名词。20世纪20年代，冯·诺依曼（John Von Neumann，1903—1957）证明了博弈论的基本原理。20世纪四五十年代，《美丽心灵》的男主角约翰·纳什（John F.Nash）和另外一些研究者经过研究后，确定了博弈论的框架和方向。此后，博弈论就被运用于社会科学的各个方面，尤其是在经济学领域中极其盛行。

你不可不知的博弈论名词

戦略的思考の技術

博弈论（game theory）：是在策略性环境下进行思考并做出决策的工具。

经济学家们意识到，在理解实体经济现象时，不仅要做市场分析，同时也需要运用博弈论进行分析。有很多经济问题，也只有借助博弈论才能理解。比如，企业等经济主体在做决策时，要综合分析考虑消费者以及竞争对手等其他经济主体的行为和态度。

博弈论是什么？

博弈论的英文是Game Theory，字面翻译过来就是游戏理论，所以导致很多人包括我在内，都误以为这是一套研究游戏必胜法之类的东西。所以，这个名字是比较悲剧的。

曾经有段时间，我迷恋上了一种名叫双陆棋的骰子游戏。在美国生活时，我经常和两个同事一起玩，下午5点一过，就跑去对方的办公室，不管怎样先战上一盘再说。其中有一个M先生，现在在东京大学当老师，当时在我们三个人当中他是最会玩的。当然，我们几个的水平也不是很高。

另外一个也是M先生，现在在耶鲁大学。这位M先生和我都知道自己技不如人，就想着找些双陆棋的攻略书，以报自己的一箭之仇。

在数据库里是找到了不错的书，但可惜的是我们三个人当时所在的宾夕法尼亚大学图书馆里并没有这本书。当然去书店订购是可以的，但是后来想想还是通过图书馆向其他藏有该书的大学图书馆借阅，因为当时的大学图书馆之间是可以相互借书的。主意打定之后，就去学校图书馆申请，而图书馆的人却严词拒绝说：图书馆相互借书的制度，只是针对做研究需要帮助的人，如果仅仅是个人兴趣爱好，是不允许利用的。

我这个人比较孱弱，看到这个回复后觉得不好再强求，但是M先生却平静地回复说：我们研究的课题就是博弈论，而这本书对我们的研究是非常必要的。当时的图书馆人员也不懂什么是博弈论，M先生又补上一句说当年的诺贝尔经济学奖得主就是研究博弈论的。最后，图书馆员招架不住便答应了我们的要求。

我后来问M先生这么做是不是有点儿不厚道，而他却很坦然地说我们的确是在搞研究，这只是研究中的一环。我当时想，这么较真的人将来肯定不是普通人，事实上也的确如此。当然，这个双陆棋的技术嘛，他始终还不是最厉害的。

策略指的是什么

策略（strategy）：是指在一个策略性环境中，自己自由选择可以实现目标的，并将未来情况考虑进去的可行性行动方案。如果把握不好策略，也就谈不上策略性思考。“策略”一词原本是战争中的语言，有“战略”的意思。但我们这里所指的“策略”一词范围更广，那些与行为主体的利害关系息息相关的决策行动同样也能称为策略。

你不可不知的博弈论名词

戦略的思考の技術

策略（strategy）：是指在一个策略性环境中，自己自由选择可以实现目标的，并将未来情况考虑进去的可行性行动方案。

在商业中，比如公司的产品是否应该降价，或是维持现状等，这些都与策略相关。具体来说，怎么设定产品价格，是2 000元还是3 000元等，这些定价都是策略。或者该产品是面向年轻人，还是中老年人等，这种产品定位也是一种策略。

考虑到一个人的着装也会对当天的事情产生一定影响，所以在上班或上学时的打扮也是一种策略。上什么样的大学同样也是一种策略，因为一所大学很容易决定一个人将来的命运。再往前推，如何考试、学习其实也是一种策略。同样，在什么时候给某人送什么礼物等也是处理人际关系的重要策略。

像这样关于策略的例子有很多。的确，哪怕只是一个很小的行动都会对事物的发展产生影响，所以我们任何一种行动选择都应看做是一个策略。当然，在你想办法提高公司产品销量时，也就没必要为早上穿什么衣服去上班而费心。做决策的人要根据自己的研究对象与目的以及需要用策略性思考进行分析的社会经济现象的不同，来决定采取不同的策略。因此，**首先要知道自己想知道什么，要分析什么。决定好了研究对象之后，再来对这些相关的事情思考相关的策略。**

策略的细节有很多，比如在处理人际关系方面，其中的手段策略也是花样繁多，要对这些细微的东西逐一解释清楚是不可能的，而且这对策略性环境分析也没有实质性作用。因此，概括地抓住分析对象的关键点进行分类至关重要。

比如在电器产品销售策略上，将以年轻人为主体的销售策略与以中老年人为主体的销售策略进行比较是有意义的；可要比较以20岁的人为主体的销售策略好，还是以17岁的人为主体的销售策略好就没什么意义了。除了编写学习参考书的作者们在编书时就必须考虑这些细微的年龄段差别外，一般情况下，无须做得那么细。比如去参加联谊，不论是领带、西服的选择，化妆的方式，还是聚会的时间、地点以及和谁坐在一起、怎样开始搭讪等，这些细节都一一向你袭来，并需要你做出策略性决策。的确，这些细节无处不在，而且会时刻决定自己在这次联谊中的命运，但如果你都要一一应付每一个细节，那聚会就真的没什么意思了。

策略集合的确定

策略进行分类之后，并不能单纯地以为自己该做的事情就一目了然了。正确把握自己应该选择的策略其实要比想象中的难。但是，我们必须要有一个可行策略清单，否则就无法进行策略性思考。思考自己的可行性策略中都有些什么，这点很重要，即使这些策略并不全面。策略思考的流程如图1—1所示。

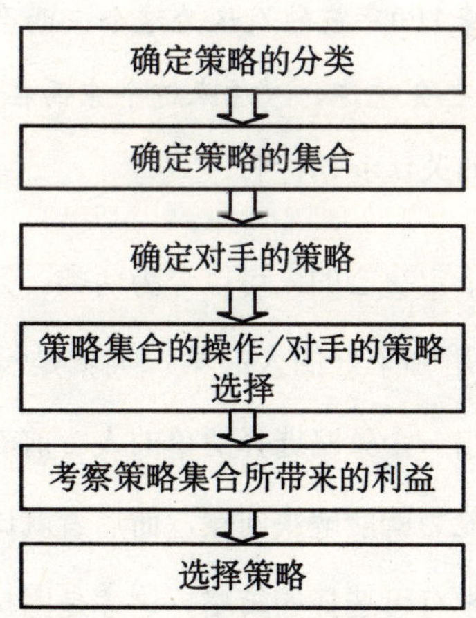

图1—1 策略思考流程图

我买的第一台电脑，硬盘空间有10MB，当时我还担心将来能有什么样的文件用得了这么大一个硬盘。而现在数码相机里的一个跟邮票般大小的SM卡，其存储容量就比我那个硬盘的容量大10多倍。

据2001年日本经济新闻社编撰的《21世纪新技术研究开发调查》显示，在新世纪企业期待的新技术排行榜中，第一位是高速公路建设交通系统（ITS），第二位是微机械（micromachine），第三位是ITS对应装置，第四位是光催化剂，第五位是燃料电池汽车。目前很难说这些技术在现阶段能够如愿实现商业化。我们现在还没考虑到的事情或者根本就没有想到过的某项技术，或许在将来某一天能够投入使用，并深入到我们的生活当中。等到22世纪初人们再看这份调查时，可能都会去想，“哦，原来100年前的人认为这个东西会变成现实啊”，或者他们也会吃惊，“原来这个东西在100年前并没有得到人们的关注和期待啊！”

因困扰而无法下定决心的人可以分为两类：第一类是有自己的策略但是不知道用哪个好的人；第二类就是没有一个策略集合，也就是说列不出一个策略选择清单的人。前者只要强化一下自己的策略性思考能力就能解决问题，而后者就比较困难。自己无法做出决策、也没有可选择的策略，这才是困扰的原因所在。很多人就是因为不明白自己能做什么才会吃很多亏。

我虽然不是心理咨询专家，但是在大学当老师时有很多学生找我谈话。谈话内容有很多，如学习方法、对将来的迷惘等各种各样的烦恼。依我看来，他们当中大多数人都属于第二类。他们有一个模糊的想法，但是实现这些东西的做法他们却不知道，这也就是他们的困扰所在。追求自己的梦想是没有错误的，但是要有怎样的行动才有可能实现自己的梦想呢？这首先就要列出一个行动清单。对于这些问题的解答，我其实就是在策略集合上给出了帮助而已。

对手的策略

在策略性环境中，不仅要考虑自己应该采取的策略，同时也要考虑到与自己有利害关系的对方的策略。既然我们自己的利益也依赖于对方的行动选择，那么就必须预测对方会采取何种策略，最后才能找出对自己有效的策略。

在围棋入门书中，通常都会强调“二手判断”的重要性。围棋是两人交替以黑子、白子在棋盘上争夺阵地的一种游戏，而所谓的“三手”，指的是自己将要下的一手，接着是对手针对你下的棋打出的一手，然后又是自己的出手，总共三手。由于是双方交替在棋盘上摆棋子，因此在预测对手的反应后再决定自己的行动是非常正常的想法，但要做到这些是非常困难的。新手虽然能很清晰地意识到自己目前的形势，但是却忘记了对手会怎样选择他们的行动。由于新手盲目地根据自己的下法来肆意决定对手的下法，以至于当对手的下法跟自己的判断不一样时会大吃一惊。甚至有些很高级的棋手也经常犯这个错误。不过，这可能就是围棋的有趣之处吧。

有句话叫做“寻求对手的理解”。这句话在双方之间需要调整利害关系的时候经常用到。最经典的例子就是两国发生外交问题时。有件事我现在仍然记忆犹新，当时日美两国之间在大米进口自由化这一事情上发生了外交问题，媒体报道的日本政府的方针是“阐述我国的立场，寻求美国的理解”。但是，在一个双方利害关系明确的策略性环境中寻求对方的理解是束手无策的表现。这个时候，先决条件是调查对方会采取何种策略，然后再调查相互间到底有哪些利害关系。

当对方的行动违背自己的意愿时，指责抱怨是人之常情。但是在运用策略性思考时，首先要冷静下来思考：如果自己发出指责抱怨，对方会以怎样的策略回敬你，对于对方的回应要列出一个清单。一时感情流露说出自己的苦衷虽然也是可以的，但如果意外地遭到对方的反击，那只能落个尴尬境地，自讨没趣。不管是你挂念的人因手机关机联系不上，还是他的衬衫上有陌生的香水味，在突然出口责问前要首先想想对方会以怎样的行动做出回应。关键的一点是，在选择责问语言时，也要想到自己也有可能被对方的反问策略搞得很被动。

策略性策略集合的操作

对方的策略中所包含的内容有着很重要的意义。同时，让对方确认你的策略集合的内容在策略性思考中也占据了重要位置。对于同自己有策略性关系的对手，要采取尽可能对自己有利的策略。

在商场的玩具店里，大人答应什么都可以给小孩买，让他们自己随意选择自己喜欢的玩具。这一做法在培养孩子的独立自主性方面是不错，但是从策略性的角度来看就不一定是好事。因为这样的话，孩子就不知道哪些玩具是自己可以选择的，只让他们“随意”选择反而会造成他们的混乱，以至于最后选择了一个很不好玩的玩具。当小孩选择一个不好的玩具时，大人们又说这个不行，不给买，小孩必然会生气哭闹。本来家长有让自己的孩子确定策略集合的机会，而他们却没有做到这一点。如果希望让孩子去选择某些东西，那就应该先确定好策略集合。

现在虽然男性也开始关心衣着打扮，但女性在这方面的热衷程度以及人数上相对于男性来讲肯定占绝对优势。男女对衣服关注的比例也可以说明一切。我相信，在评价你男朋友的着装打扮时，坏的肯定多于好的。当然，从我的经验来看，这并不是说男性就是天生对衣着品味有所欠缺，其原因就在于他们怠于这方面的训练。比如，他们平时不会注意艺人们脖子上挂的项链，也不会在美容院拿着杂志看上个把小时。这些平时没有专注过打扮的人，即使他想赶上时尚潮流，也是力不从心。其实他所面临的策略性环境，跟在玩具店大哭大闹的小孩是一样的。

所以，结果明明上身穿的是阿玛尼衬衫，袖子却出奇地短，更让人崩溃的是，脚下穿的却是从超市里10块钱3双买来的白得刺眼的袜子。而我们又不能不容分说地对他这种完全不搭调的打扮加以指责，因为在打扮上他也真的花了不少心思，关键就是缺乏训练。所以就算逛商场，他也完全没有选择衣服的策略，最后脑子乱得就像糨糊似的。即使在用信用卡买衬衫的那一刻，他也没有找到策略集合。而且，关键是此时他本人还觉得这个打扮很帅气，所以我们也要策略性地考虑到，这时突然去指责他这身衣服土得掉渣也是很愚蠢的做法。

从策略性思考的角度来看，在这种情况下，其实最重要的是要让对方如何去认识策略集合。从领带到袜子，虽然你有一万个不满意的地方，但无法一下子把所有的东西一次性都灌输给他，否则只会让事情变得更糟糕。在对方没有完全理解自己的策略集合的情况下，突然给他提供这么多信息是比较危险的。所以，开始时可以稍微赞扬一下对方的衬衫不错，或是领带挺适合等，先肯定对方的努力，然后再补充说衬衫和领带搭配时袖子再稍微长一些可能会更好。这样，对方就会有两个选择，是要接着穿这个短袖衬衫呢还是改穿长一些的，从而使得对方所考虑的策略的个数大大减少。这样一来，我相信下次约会时他就不会再穿着“短袖”衬衫来了。短袖衬衫搞定之后，接下来就是袜子的颜色。跟前面所讲的一样，关键就是缩小对方思考的范围，尽量让他们思考该思考的策略，一步一步地推进。如果我们这样用心良苦、循循善诱地进行教导，对方却还是穿不出个模样来，只能说这个人还真是烂泥扶不上墙，没啥品味。不过世上还真有这么些不开窍的人，如果真是遇上了，我劝你还是死了心吧。

对这种策略集合的策略性做法，在很多商业活动中经常用到。

> 在餐厅吃晚餐时，长长的葡萄酒单子就很让人头疼。一般那种店里会有三个价格范围的葡萄酒。这些来自各国的葡萄酒价格差异很小，列在单子上让人眼花缭乱。除非你是一个对葡萄酒有一点研究的人，否则肯定要陷入混乱。而这些混乱的人，就会从酒单的下面开始挑选第二个价格范围内的红酒。这样做的唯一理由是，他们害怕挑选最便宜的葡萄酒会被女方瞧不起。所以，这个价位的葡萄酒也就成了他们的策略集合。最后，对餐厅来讲，只要把利润率最高的葡萄酒摆在那个位置就行。而餐馆之所以把最好的葡萄酒也写在酒单上，完全是为了衬托第二价格范围内的酒。

在稍微高级一些的餐厅，他们只给男士提供标有价格的菜单和酒单。你可能认为餐厅这么做的目的是，男方可以完全不必在意女性同伴的看法，可以更方便地点些便宜的菜，其实问题并不是这么简单。相反，不知道价格的女性看了菜单后，或是听完服务生的意见后会毫不犹豫地点一瓶高级葡萄酒。而且现在的女性有很多都是葡萄酒专家，她们很难默不作声地放心地把点酒的任务交给你。她可以装做对酒一窍不通，但是像这种女性，她很有可能从你的点酒方式中一下就能看透你的心思。这个时候你做决策的困难程度可以说丝毫不亚于古巴导弹危机时肯尼迪所面临的困境。当面临这样的危机时，作为男士的你就会去想我为什么要带这位女士来这么高级的餐厅呢，但是牢骚归牢骚，实际上会拒绝支付更多费用的男性是不多的。如果男女双方都能看到菜单价格的话，葡萄酒的选择就变成了双向的共同选择，而女性也会因为自己点了贵酒而过意不去，最后结果就是由下往上第二价格范围内的酒就发生了作用。所以，在这种情况下，餐厅通过只给女性浏览不标价格的菜单，可以策略性地使顾客选择对餐厅而言利润最大的红酒。

一个人对电脑的熟练程度，决定了他对电脑软件性能高低的要求。因为职业的原因，我比一般人要精通电脑，所以电脑里的软件如果只有一些基本功能，是会影响我的工作的。但是，我也很难对微软的每个软件都做到运用自如，比如微软的套装软件，很多软件功能都处于闲置状态。为了满足更多类型的用户，软件公司会开发多种软件，但是对这些软件知之甚少的用户们只会去买第二便宜的软件。而对于软件公司来讲，最好的策略就是，只出售含有诸多功能的软件，并期望首次使用的用户会对软件有好的口碑。

搭售是一种要求消费者同时购买多种商品的销售行为。这种销售手段是人为改变消费者策略集合的策略性做法。搭售本身是损害消费者利益的非法行为，但也要看搭售的方式如何实施。如果方法得当，非法也能变成合法，而且消费者也乐意接受。

> 商场的“福袋”[①]就是一个很明显的搭售例子。家电产品延长保修期其实也是一种搭售行为。另外，还有将本来需整体使用的东西拆成几个部分后进行销售也属于搭售。比如，厂家在销售复印机、打印机时，价格可以便宜些，但打印机的耗材如彩色墨粉的价格就定得贵一些。再比如手机，没有人买了手机闲着不用吧，所以手机可以卖得便宜些，后面就等着收电话费吧。

现在，这本书要摆在书店出售，究竟怎么摆在架子上更好呢？我个人认为可以将书平码起来，堆高些。因为买书的人在一堆书中总是首先关注顶部的那本。平堆起来的书很容易成为读者的购买对象，卖出的机会也就更多。车站的小卖店出售的快餐、特产等也都是这么一个摆法，道理也是一样的。

① 福袋是日本的商家在新年（日本的新年于明治维新后改为西历元旦）前后，将多件商品装入布袋或纸盒中，进行搭配销售，这种袋子或者纸盒就称为“福袋”。——作者注

策略性地选择对手

在策略性环境中选择对手也具有重要意义。**因为如果对方与自己利害关系一致，就不会产生策略性的矛盾冲突；相反，如果对方跟自己有着直接的利害关系，也就不会跟他结成策略性关系。**

当我们拜托某人做一件事情，而这个人在做他自己事情的同时能顺便帮你完成的话，去拜托人家一般都是比较容易的。比如某个人要去超市，让他顺便帮你买一个卷心菜，人家一般都会答应，因为这时双方的利害关系是一致的。如果你要让一个正准备回家睡觉的人去帮你买个卷心菜，那他肯定就不干了。也就是说，选人是非常重要的。

企业合并一般都是一家企业吞并其他企业，而大企业的对等合并一般都很难成功。企业合并，说明合并企业的经营目的和利害关系在某种程度上肯定是一致的，但是具体谈到怎样运营企业这一问题时就会产生利害冲突，因为无论哪一方都不想改变自己原先的经营做法。在这种情况下，企业内的各个派系都拥有决策权也就意味着企业自身在制造矛盾冲突。在军队这样一个组织里，下级会严格遵守上级的命令，而对等合并后的银行却总是产生系统问题，其实这两个事情绝对不是偶然现象。

戦略的思考の技術

第2章 预测与均衡

策略性思考方法的原则

预测与均衡是策略性分析方法与思考方法的中心内容。本章将列举出几个简单的例子来讲述怎样使用策略性思考技术，并阐明其原则。

假设有两家周刊杂志社A社与N社。两家杂志社的发售日期都是每周星期五，主要对象是上下班路上买杂志看的人。更具体一点，我们可以假设潜在购买对象有10万人。大部分读者都不会去从头到尾浏览整本杂志，而是只关注杂志的标题。只有标题吸引人，读者才会购买。如果两家杂志社的杂志标题都比较吸引人，每个读者也只会购买一本。

现在，某一周有两件事情可作为当周的重大事件。一件是与某银行破产相关的经济类报道，另外一件是与某议员被逮捕相关的政治类报道。A社编辑部认为对经济类报道感兴趣的读者会有8万，对政治类报道感兴趣的有2万。简单地说，没有一个读者会对这两类标题同时都感兴趣。现在请问，A社应该选择哪一类标题呢？

策略的评价

显然，A杂志社这时的策略就是要考虑究竟是选择经济类的标题还是政治类的标题。在确定这些策略集合后，就需要评价这些策略究竟能给自己带来多大的收益，这才是选择策略的关键。

有人认为应该选择经济类标题，因为关注经济类报道的读者比关注政治的多。其实这种判断是很轻率的。因为如果竞争对手N杂志社也采用经济类报道，就会发生两家杂志社争夺读者的问题。如果N杂志社选择政治类报道，A杂志社能有8万的读者市场；如果运气不好，N杂志社也正好采用经济类报道，那么两家就会争夺这8万的读者市场。可想而知，A杂志社也就只能售出4万份杂志。通过这一点可以明白，A杂志社要做出一个合理的决定，就需要知道自己的行动与N杂志社的行动息息相关，必须考察自己的行动会产生什么样的结果。

一个利害关系不仅仅与自己的策略有关，同时也依赖于对手的策略。只是从自己的策略出发进行考察，也就谈不上是策略性思考。策略性环境要求当事人考虑的不仅仅是自己的策略，而要将自己的策略与对手的策略结合起来进行考虑。策略性分析要求当事人首先要舍弃只考虑自己的想法。

原则1 自己的最终收益不仅取决于自己的策略行动，同时也依赖于他人的策略行动，要将自己与对手的策略组合起来进行考虑。

根据这个原则，我们来审视一下A杂志社所面临的环境。首先A杂志社无法知道N杂志社选择哪一类报道，只有等到周五那一天N杂志社出版后才能揭晓。但是，A杂志社不可能等到的那一天再做决定，要在对手的行动能观测之前就做好决定。当然，虽然无法观测到对方的行动，但是A杂志社明白N杂志社能选择的标题也只有经济和政治这两个。第一种情况，A社选择政治报道，N社也选择政治报道，结果就是两家杂志社争夺2万的读者；N社如果选择经济报道，A社就能独占2万读者的市场。第二种情况，A社选择经济报道，N社选择政治报道，A社就有8万读者；如果N社也选择经济报道，最后两家杂志社就会争夺这8万读者。整理后，A社可获得的读者数量如图2—1所示。

		N社的标题	
		经济	政治
A社的标题	经济	4	8
	政治	2	1

A社的读者数（单位：万人）

图2—1　A社的行动决定1

那么在这种环境下，A社应该如何思考呢？如果A社以政治报道为标题，而N社也以政治报道为标题，那么双方就会争夺2万的读者，这明显比以经济报道为标题时可获得的8万读者差很多。如果N社选择经济报道，A社可以完全占有这2万对政治感兴趣的读者，但如果A社也以经济报道为标题，虽然与N社会发生争夺读者的现象，但也能确保自己有4万读者的市场。所以，不管N社怎么做，对A社来讲选择经济报道比政治报道更优。

我们可以再详细地看看上面的分析。A社在选择行动决策时都要预测N社会采取的行动，这样不管对方采取何种行动，对A社来讲，选择经济报道都是最优选择。在此，隐藏着两个策略性思考原则。首先第一个是：

原则2 在行动决策前，首先要预测对手会采取的种种行动，并在此基础上判断自己的行动是否合理。

既然自己的行动策略效果依赖于对手的行动策略，那么通过预测对手的行动策略来评判自己的策略是理所当然的。问题是如何预测对手的行动。我们既然无法做到控制对手的行动决策，但至少能考虑对手所有可能采取的行动决策。如果按照原则1来整理好策略性环境，尽可能地考虑到对手所有可能采取的策略，就可以有效地运用好原则2。

对于A社来讲，无论N社做出何种行动决策，选择经济报道的策略肯定要优于选择政治报道的策略。换句话说，即使A社没有完全预测到对手的行动策略，选择经济报道的策略也是最好的。分析策略性环境时最需要注意的是：我们需要预测对手的策略，即使预测结果有错，我们所采取的策略仍然是最好的策略时，那毫无疑问，这个策略肯定是我们所需要的。这就是第二个原则：

原则3 如果我们采取的某种策略在对手无论采取什么样的行动下都是最优策略，那么就应该选择该策略。

预测与均衡

从上面的例子中，我们可以发现，遵照策略性分析的原则得出的结果，与不通过策略性思考、仅靠单纯的比较而得出的结论是一致的。这种情况虽然不少见，但也并不都是这样。为了理解这一点，我们可以将上面的例子做一下修改。现在假设对经济报道感兴趣的读者是6万，对政治报道感兴趣的读者是4万。假定N社以政治报道作为杂志标题，那么A社以经济报道做标题就有6万读者，但如果A社也以政治报道作为标题，就会同N社争夺4万的读者，最后只能获得2万的读者。因此，如果对手以政治报道为杂志标题，A社就应该选择经济报道。但是，如果N社以经济报道为杂志标题，A社依旧选择经济报道就会同N社争夺6万的读者，最后也就只能获得3万读者，而此时，A社选择政治报道却能得到4万读者，所以选择政治报道是有利的。在这种环境中，最好的策略就是不要与对手的杂志标题相同。可以再次按照原则1，将该事件列成矩阵图（如图2—2所示）。

		N社的标题	
		经济	政治
A社的标题	经济	3	6
	政治	4	2

A社的读者数（单位：万人）

图2—2　A社的行动决定2

既然我们无法观察到对手的行动，则可以预测对手选择政治报道与经济报道的可能性都是50%。如果这种预测是正确的，那么A社就应该将杂志的标题设为经济类的。因为A社不管怎么选择，同N社发生重叠的可能性都是一样的。既然如此，选择读者更多的经济类报道才是最合理的。

但是，从策略性思考的角度出发，仅仅预测出以上这些结果是不够的。因为N社肯定也非常关心A社的行动，N社与A社一样也会对读者的数量进行预测，挖空心思以争取到更多的读者。A社在考虑N社选择两类标题的概率各有50%时，却并没有考虑到他的竞争对手N社也会这样来预测自己。

在策略性环境中，最忌讳盲目预测对手的行动。要想预测对手的行动，就必须深入思考对手为什么偏向于采取该行动。既然是选择策略，我们应该想到对手肯定也有他自己的策略性思考。如果做不到这一点，也就无法有效地选择自己的策略。我们已经阐述过，在策略性环境中要将自己与对手的策略结合起来进行评价，不仅要评价自己能赚多少，同时也要评价对手能获得多大的利益。

原则4 在预测对手的策略时，要站在对手的角度上评价、思考这几种策略组合能为他带来多少利益。

图2—3就是依据该原则得出的，在A社可获得的读者数量右边，我们添加了N社可获得的读者数量。这样，就能把握N社的行动与利益的关系。

		N社的标题	
		经济	政治
A社的标题	经济	3，3	6，4
	政治	4，6	2，2

A社与N社的读者数（单位：万人）

图2—3 A社的行动决定3

两家杂志社作为长期竞争对手，如果报道都相似的话，也就不难想象他们预测得到的读者数量差别不会太大。所以，N社也能预测出对经济报道感兴趣的读者有6万人、对政治报道感兴趣的人有4万。对A社来讲，N社能预测到这些是很正常的事情。当这个前提成立时，假设N社预测A会选择经济报道，那么N社根据上述理论，就能得出结论：选择政治报道。N社选择政治报道，对A社来讲是最好的，因为没有任何竞争。在这种情况下，两家杂志社都是在预测对手的行动后做出了最好的选择，而且，对手的行动也与自己的预测相吻合，也就是说双方有了一个稳定、平衡的状态。**如果出现以上情况，我们可以说两家杂志社的预测达到了一个均衡。**

要想实现均衡，必须充分把握好对手可能采取的策略，以及这些策略之间又会涉及哪些利害关系。要想找到一个有效的策略，必须预测同自己有利害关系的竞争对手的策略。策略性思考的要点就在于，对手采取的行动也是基于某种策略性思考技术，通过运筹才做出的决定。如果对手的策略并不是针对我们的策略所做出的最好行动，那么对手肯定就是按照自己利益最大化的方式来决定的。这时，判断对手采取的是否是最佳策略，要站在他们的立场上，考察所有的策略分别能给对手带来多少收益。

原则5 不能按照自己利益最大化的方式预测对手的策略，而是应该预测对手会根据我们的行动做出他的最佳策略，然后根据这个预测再来思考我们的最佳策略。双方都在预测对方行动后做出最佳策略而达成的状态就是均衡状态。

预测

当然，如果A社出经济报道、N社出政治报道是一种均衡，那么反过来也成立，即N社出经济报道而A社出政治报道。也就是说，在现实问题中，A社可以预测对手出政治报道，然后自己出经济报道，那么N社也有可能预测对手出政治报道自己出经济报道。所以，即使我们使用预测均衡这个策略性思考技术的精华，来预测现实中要发生的事情，其实也并不一定每次都管用。对于第三方来讲，预测现实中究竟会发生什么是一件很麻烦的事情，但策略性分析法并不仅限于此。预测与现实的乖离，对于这两家杂志社来讲是利益攸关的大问题。策略性分析越深入，他们就能做出更好的预测，从而能避免两社在预测上发生错误而导致争夺读者的事情发生。

有一个策略倒是可以解决这个问题，那就是写出高水平的报道。这样一来，即使杂志标题跟别人重复，读者也会挑选好的购买。N社明知在经济报道上干不过A社，他们自然而然就会乖乖地选择政治报道。这个结果表明，A社高品质的报道会吸引读者购买。

这时，将发售的时间错开是一个非常好的策略。假设A社比N社提前发售杂志，也就是说，A社先发制人，这时策略性环境就会发生很大变化。因为A社在决定杂志标题时，需要预测N社的行动这一点是没有变化的，但是A社做出决定并采取行动之后，N社的策略性环境就变得简单明了了。

如果A社采用了以经济为主题的报道之后，N社还要采用经济报道进行对抗，那简直就是傻瓜行为。因为A社既然已经采用了经济报道，N社最好的做法就是选择政治报道，这样就可以确保有4万名读者的市场，而不是同A社竞争6万名对经济感兴趣的读者。所以，从A社的角度来看，如果A社选择经济报道，很容易就能想到N社会选择政治报道来做出反应。总之，A社在采取任何一种策略后，都应该结合对手的利害关系去预测对手会有怎样的反应。

如上所述，策略的选择其实也并不一定都是同时发生的。有时，在决定自己的态度之前，可以先观察对手的策略行动；有时只有自己先决定好行动后，对手才紧跟着采取策略行动。至于策略的选择时机问题，那就要看对手是否在观察我们的策略之后做出反应，这都会致使我们所处的策略性环境发生变化。

为了便于理解，我们用图2—4来表示。根据各种策略时间前后的选择进行描述，可以得出双方获取的利益。A社决定采用经济报道后，N社选择经济或政治报道这两种策略所获得的读者数将分别是3万和4万，那么可知N社选择政治报道是最好的。另外，如果A社决定采用政治报道，N社同样有经济报道和政治报道两种策略，其获得的读者数分别是6万和2万，那么N社选择经济报道肯定是最好的。A社通过这种预测，可以得出的结论是，我方出经济报道，对手会出政治报道，我方最终能获得6万的读者市场；如果我方出政治报道，对手就会出经济报道，而此时我方所获得的读者数量是4万。A社只要预测出N社的行动，知道自己出经济报道就有6万读者，出政治报道就有4万读者，那么A社就应该选择经济报道。A社抢先一步行动，就能给对手发出信号，从而在经济类报道上大做文章以争取更多的读者。

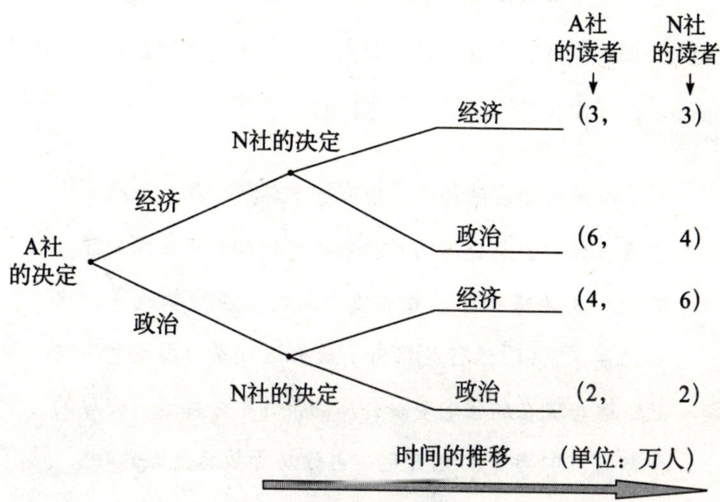

图2—4 从A社的标题看N社的行动策略

> **原则6** 在决定先于对手采取行动的情况下，我们需要预测对手看到自己的行动后会做何种反应，并思考对手的利益关系，然后再选择自己的策略。

在围棋和象棋这类游戏中，预测的意义非常明显。自己在下任何一步棋之前，都要去考虑、预测对手会有怎样的反应，然后再去决定自己该怎么走这一步棋。当然，对于外行人，要他们做到预测十手之后的事非常不容易，但对于棋迷们来说，没人会怀疑预测的重要性。即使对方棋艺比自己高超，自己预测不如对方，他也不会否定预测的必要性。

通过预测将来发生的事情来改变目前的行动，指的是当你在预测未来环境将发生变化时，其实也就意味着目前已经开始显现痕迹。在商业和经济活动中，这样的例子有很多。

小泉内阁在结构改革中有一个环节，就是让政府逐步减少住宅金融公库的贷款余额，到2007年废除公库。对此，大的银行开始竞相推出新的住房贷款政策。比如三菱东京UFJ银行就推出了最长达30年的固定利率贷款，这与现在的住宅金融公库的条件十分接近。公库的余额在2001年是67兆日元，占住房贷款总余额的40%。要废除公库，就意味着2007年就有60多兆日元的住房贷款流入民间，而最耐人寻味的就是银行预测到了这些所以才采取了相应的行动。

预测的应用

之前的发售杂志策略提到过，先于对手行动，将自己的行动暴露给对手，其实在策略性环境中也是有意义的。首先表明自己的行动、并切实执行这样一种约定，我们称之为承诺。

你不可不知的博弈论名词

戦略的思考の技術

承诺： 首先表明自己的行动、并切实执行这样一种约定，我们称之为承诺。

A社通过首先选择经济报道，即跟N社承诺自己选择的内容，这样N社就能理解其中的含义而选择政治报道，这样A社就能获得更多的读者。

但是，对于两家有竞争关系的杂志社，其实很难做到先有料先报道。但如果没有一家报社首先明确自己的报道标题，也就无法做到策略性预测。其实，承诺某项行动，并不一定非要先于对手采取这项行动，有时某个出人意料的行动也能起到承诺的效果。比如A社解雇负责政治类版块的优秀记者。如果A社真的这么做了，而且两家杂志社最后都选择了政治报道，那么读者当然会买N社的杂志，即使没有竞争，A社也会失去4万潜在读者中的很大一部分。

所以，这种策略虽然看起来是削弱自己能力的做法，但是考察一下解雇后的策略性环境就会发现，其实里面的博弈真是耐人寻味。A社做出解雇决定后的策略性环境如图2—5所示，在此4万读者会流失2万。

		N社的标题	
		经济	政治
A社的标题	经济	3，3	6，4
	政治	2，6	0，4

A社与N社的读者数（单位：万人）

图2—5 A社的行动决定4

从图2—5可知，无论对手采取何种策略，采用经济报道的策略是最有利的。N社如果明白这一点，而且他也知道A社也在进行策略性思考的话，通过原则3就能排除A社采用政治报道的可能性。为了避免竞争，N社就会选择政治报道。因此，如果A社也知道N社得知自己解雇这名记者，也就可以放心地采用经济报道。

可以看出，A社的这一自我削弱的解雇策略反而为自己赢得了6万读者的市场。这需要A社能充分把握自己所处环境中的策略性结构才能做出以上推断。承诺这一策略虽然有效，但与先发制人的策略一样，需要在时间上采取主动，先于对手行动。要使自己的行动让对手接受并不是件容易的事情，同样，承诺也并不是简简单单就能做到的事情。

上面的解雇策略中，A社之所以成功是因为他的承诺具有可信性。要想承诺某个行动，必须在可信性方面下工夫。企业的战略收缩、人员调整等从策略性角度来考虑的话是耐人寻味的。

原则7 如果可以跟对手承诺某一个行动，那么就可以通过承诺这个行动将更有利的一个结果导向自己。采取一个貌似对自己不利的策略，在增强承诺的可信性上是非常有效的。

不论是因为A社的解雇策略起作用，还是A社的经济报道写得好，我们所能观测到的就是关心经济的读者会购买A社的杂志。但是，A社经济报道写得好是吸引读者的唯一原因这一解释明显很不合理。所以，在策略性分析中，仅仅通过观测结果表面来判断，就很有可能误判问题的本质。要深入理解经济现象，必须考察经济主体之间的策略性关系。虽然某个结果能零零散散地隐藏着策略性的含义，但仅仅比较这些表面数字，我们无法完全理解经济动向。这就是为什么现代经济学积极引入策略性分析的原因所在。

需要注意的是，只要N社相信A社解雇记者这一事件，那么A社其实也不必真的解雇该记者。也就是说，解雇是否成为事实这不重要，重要的是N社相信这个，而且A社也知道N社会相信。相反，A社把记者解雇了，N社却没发现，或者是不知道这个记者是不是A社的精英记者等，也就是说，N社根本不知道A社解雇该记者意味着A社的政治报道读者会减少这一情况，那么只能说明该承诺的可信性不够强，导致解雇策略落空。

在策略性分析中要明白，其实发生什么不重要,即我们不仅要关注“发生”的事件，还要关注行动是否被采取、对手是否已经观察到、对手怎样理解、对手是否相信等，这些信息的结构具有非常重要的意义。

原则8 具有策略性关系的行为主体要知道相互之间到底在做什么，到底了解多少，把握好相互间的信息结构非常重要。

通过考察这些信息，策略性分析才能更加透彻。许多经济现象都可以通过这类问题来理解。

博弈论是什么？

据我所知，博弈论的研究者中喜欢玩游戏的人似乎并不多，当然我没有做过具体的调查，至于这个推断是否可信还不清楚。但博弈论学会的学者一到晚上就会打牌、玩桌游，有人肯定会联想到一帮人好不容易凑齐，赶紧上桌搓几盘麻将的情景，但是我所加入的学会没有这样的事情。虽然在中午的讨论中被别人驳得哑口无言，但是在实际的游戏中，大家很自然的一个想法就是，认为自己的策略性思考更合理，觉得自己的玩法是对的，从而不断玩下去。

与我在同一个时代研究博弈论的日本研究者中，几乎连一个懂麻将规则的人都没有。很多人会想，连麻将这个游戏规则都不懂的人，他们所研究的博弈论的深度看来也不怎么样。其实并非如此。当然，这也反向证明了博弈论并不是研究游戏攻略的理论。

抽象化和策略性分析

现实世界中的策略性环境其实更为复杂，我们所举的杂志的事例其实是简单化了的例子。象棋、围棋等这些规则明确的游戏分析起来也不会太过复杂，但是对于现实中出版社的商业环境，不可能完全像我们刚才所描述的那么简单，我也不主张这样做。

博弈论并不能完全解决一个人的工作以及日常生活中的烦恼和问题。这并不是说上面的例子过于简单而无法应对复杂的现实环境。其实，无论用什么方法，要做到完全描述现实环境是不可能的。比如，重新细分杂志社可能采取的策略，即使进行1 000个分类也比不上现实的复杂程度，最后只能徒劳而终。没有哪一本博弈论的书能建构一个完全应对现状的完美模型。

社会科学中的博弈论，目的也不是完全描述现实，而是将现

实环境抽象化、简单化，从而找到并明确其背后的策略性关系，解释这些复杂行动的决策过程以及行动基准的本质。换句话说，社会科学中的博弈论是以“博弈”后得到的一个结果来解释社会经济现象的，而这个博弈是按照抽象化后的规则进行的。博弈论在解释围棋、象棋等具体游戏的必胜法上很有用，但社会科学中的博弈论的目的却并非如此。它的重要性在于，我们在以策略性思考原则进行思考时，能在多大程度上理解现实问题。

第3章 风险与不确定性

风险管理的原则

也不知从什么时候开始，“风险”一词就常常挂在人们的嘴边。“风险”的英文是“risk”，字典里有“危险，风险，冒险，赌注”等意思，也有承担损失、害怕损失等意思。

每个人的行动不仅对现在，同时也会对将来产生影响。但由于人无法完全得知将来会是什么样子，所以也就无法确定当前的行动究竟会带来什么样的结果。也就是说，我们当前的行动都伴有某种风险，可以说我们经常处在一个要下决心采取行动，以应对风险的环境当中。

我们所处的这个社会，不可能是绝对安全的。所谓安全也只是说风险相对较低，而并不代表风险就是零。比如，我们遇上飞机失事以及交通事故的可能性虽然非常低，但也不是完全没有这种风险。当然为了确保安全，人们也会考虑尽量少承担风险，但降低风险需要很大的成本。

假设在一个风光明媚的观光胜地，有个小孩因为没有被父母看好，而不慎掉入水中淹死。这个时候，如果在水边周围修建栅栏，确实是能够降低事故发生的风险。但是，修建栅栏是需要费用的，而且被栅栏围起的池子在观光价值上也会大打折扣。所以，这个栅栏究竟围还是不围，就需要将落水事故发生的风险与围栅栏所带来的成本做一个比较，而不能凭一时的感情用事而做出决定。

的确，人命关天，但也需要有成本概念。交通事故每天都在发生，而防止交通事故死亡事件的终极方法便是放弃使用汽车，但这不可能。因为如果不让使用汽车，那日常生活中因行动不便所带来的成本将远远大于因交通事故所带来的损失。

关键在于我们要理解风险的内容，然后再做好应对。不冒无谓的风险是第一步。

策略的不确定性

策略性环境中，需要区别好两类风险：环境风险和策略性风险。

环境风险包括气候、温度、十年之后西服的流行样式以及未来对某种新产品的需求等，这都是当事者很难把握的风险。

因无法得知对手采取何种策略而产生的风险，称为策略的不确定性，或策略性风险。

环境风险无法消除，但策略性风险却不一定。第2章里讨论过的均衡的思考方法，就可以通过合理地预测对手的策略来减少策略性风险。如果对手也进行策略性思考，那么我们的策略性风险也就越小。

你不可不知的博弈论名词
戦略的思考の技術

策略性风险：因无法得知对手采取何种策略而产生的风险，称为策略的不确定性，或策略性风险。

思考一下图3—1中的环境。A社有两种商业策略：第一是投入新产品并做大量宣传的“攻击型”商业策略；第二是继续维持传统营业的“防守型”商业策略。A社的收益水平则取决于其策略是否能使市场行情发生好转。在图3--1中，A社不能控制的环境风险等各种可能性都包含在内，这些都会影响市场行情的好转。采取攻击型策略时有0.5的概率发生好转，而防守型策略只有0.25的概率使市场发生好转。

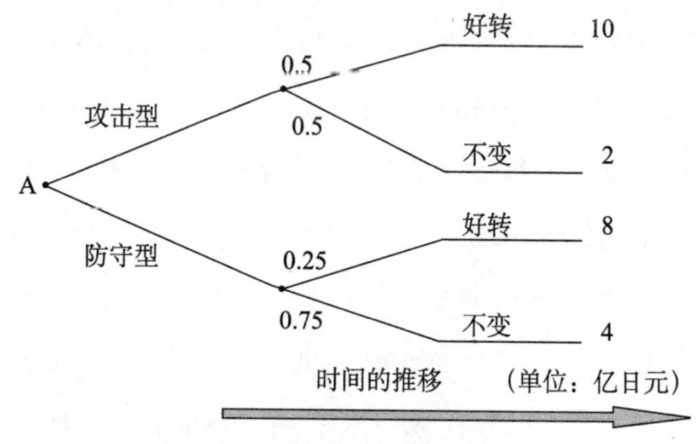

图3—1 有风险时的策略决定1

攻击型策略与防守型策略相比，市场好转的概率高且收益也更高。但是在市场不发生好转的情况下，防守型策略比攻击型策略的收益要高，所以两种策略各有优劣。这时，基本的做法是用两种策略的平均收益来做判断标准。攻击型策略的平均收益是:10×0.5+2×0.5=6亿日元，因为2亿日元与10亿日元发生的概率是相同的。而防守型策略的平均收益是：8×0.25+4×0.75=5亿日元。所以可以得出攻击型策略是理想的。虽然在市场不发生变化的情况下，攻击型策略的代价比防守型的大，但由于好转时收益很高，这部分高价值足以弥补以上风险。

但是，以上思考还不够充分，因为市场是否好转还取决于竞争对手的策略，如图3—2所示。该图表示A社的收益发生好转还得取决于N社的策略选择。如果除去N社的策略，图3—2中A社的收益结构与图3—1完全一致。但现在很明显，A社的任何一个策略都取决于N社的策略。N社如果也采取攻击型策略，双方都耗费大量的广告费和研发费，最后会落得个争夺市场的结局。所以，此时A社应该选择防守型策略；但如果N社选择防守型，则A社应该选择攻击型。可是，A社在做决策时并不知道N社的策略，他面临一个策略性风险。

在无法知道对手策略的环境中，肯定也就无法决定自己的策略。如果无视对手的策略，套用图3—1中计算概率、平均收益的做法无法应对风险，而且这些概率也未必准确。

那需要怎样思考这个问题呢？熟知第2章策略性思考原则的读者们可能已经发觉，预测能在这里起到作用。在这种情况下，不能只考虑自己一方，同时也要考虑到这种策略对对手来说能有多大的收益，这才是策略性思考的原则。图3—2中，对手的收益没有体现出来，A社也就无法完全把握自己所处的环境。

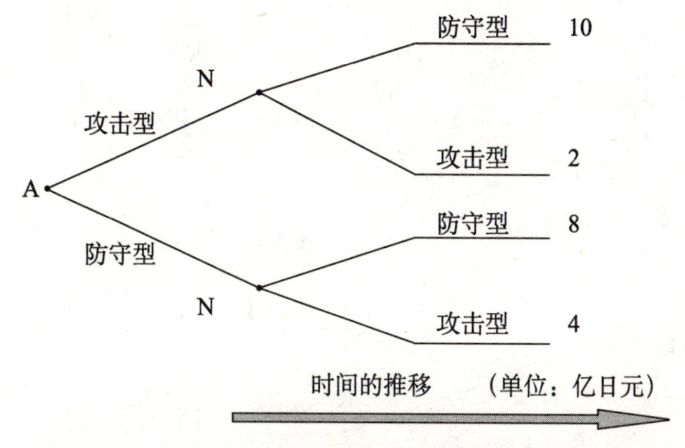

图3—2　有风险时的策略决定2

假设对手的收益如图3—3所示，那怎么办呢？通过预测，我们可以得知如果A社采取攻击型策略，N社也会采取攻击型策略进行竞争。但是，如果A社采取防守型策略，则N社采取何种策略将无法预测。因为不管N社采取攻击型策略还是防守型策略，N社所获得的收益是一样的。当然，N社究竟会采取何种策略对A社来讲确实是个大问题，但是既然策略的选择是基于对手的反应，那也就没有必要专注于对手的策略再做出自己的对策，这是很危险的。幸运的是，在这里无论N社采取何种策略，A社选择防守型策略都是最理想的。如果A社采取攻击型策略，对手也肯定采取攻击型策略，最后的收益将会是2亿日元；而如果A社采取防守型策略，虽然不知道对手会采取何种策略，即A社要承受策略性风险，但实际上此时无论N社选择哪种策略，A社能获得的收益都比前者的2亿日元大。

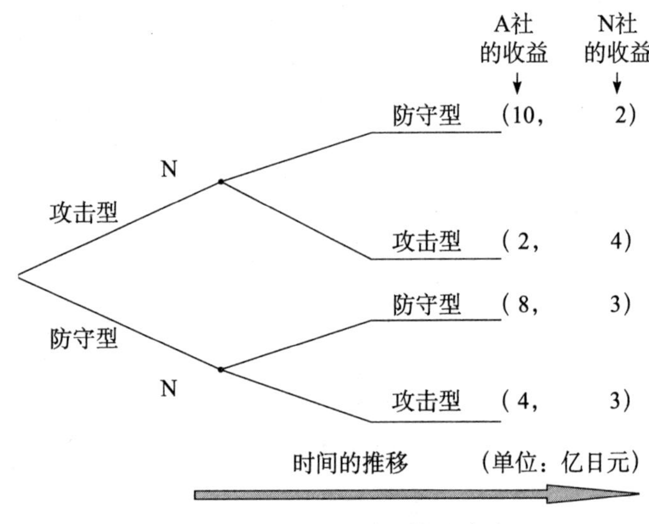

图3—3　有风险时的策略决定3

在我方收益受制于对手策略选择的策略性环境中，要认识到只有使自己的收益与对手的收益最大化，才能做到减少无谓的风险。

可惜的是，思考对手的收益，并不能完全消除策略性风险。如果对图3—3的情况稍微做出更改，即把两社都采取攻击型策略时A社获得的收益改为6亿日元的话，N社的行动就会变得无法预测，A社也就必须面对策略性风险。但是，这样的话，事情就变得跟图3—2一样，可以忽视对手的收益，问题也就变得更加简单了。

原则9 通过思考、预测对手的收益，可以减少策略性风险。

策略性地制造风险

在策略性环境中，人们有时也制造风险，因为这样做可以给对手在预测我方的行动中制造困难。

在一个你输我赢的世界中，这样的例子有很多。**如果要保证自己胜出，就不能完全被对方看透，否则就毫无胜算。在这样的环境中，迷惑对方，时不时地选择些对预测没意义的策略也是有用的。**“剪刀石头布”游戏中，没有人会一直出石头。我们可以随意地出剪刀、石头或者是布，对方也就无法得知下一步出什么，从策略这一角度来看，这都是有道理的。当然，这并不是说对方无法预测我方行动，对我们来讲就是最好的策略。我们可以通过一个例子来看一下策略性地制造风险的标准是什么。

规则很简单，只是把“剪刀石头布”的游戏规则稍微变一下：出石头获胜可以获得10倍的赌注。如果两个人玩，赌注为10元，出剪刀或布获胜可以赢得10元，但是出石头获胜则可以赢得

100元。这个变动规则的猜拳游戏对理解策略性思考很有帮助，如果身边有朋友可以试着玩20次。

很明显，根据规则出石头无疑收益是非常大的，但是，刚刚我们说了光出石头是缺乏策略性思考的。对方能立即得知你的意向，并不断地出布来赢取10元。如果那个人只出石头，只能说此人根本毫无策略性思考能力。当然，你如果有着策略性头脑，也就不会告诉他这个“秘密”，就可以永远获得这每次10元的收益。而你如果本着正人君子不乘人之危的原则，则可以建议对方买我这本书来武装他的头脑。

转换下思路，只出石头与布，不出剪刀这一策略又如何？这个也不行。对方如果知道你不出剪刀，而他自己也知道出石头肯定对自己不利，所以对方也只会不停地出布。这样，我们仍然没有胜算。所以，让对方知道我们会重复性采取某项策略或者是不采取某项策略，对我们来讲都没胜算。

为了让对方无法预测，随机地出石头、剪刀和布，情况又会怎么样呢？可惜这个也不符合策略性思考的要求。因为你以相同的概率出这三种手型，而对方不断地出石头，结果肯定还是对方获胜。因为他出石头平均每三次就赢100元，而输的话每三次才输10元。也就是说，仅仅让对方难以预测我方行动是不够的。

现在再次回到策略性思考的原则上来。要做出一个明智的决定，就要思考与对手的利害关系。冷静地想想可以发现，在上面的例子中，关键问题在于所有的策略都是对对手有利的。策略性环境中如果所有策略都绝对有利于对方，那最后输的肯定是自己。所以，在此首先就要调整策略，防止绝对有利于对手的策略出现。整理一下，将对手的收益与策略组合关系做成图3—4。

		我的策略		
		石头	剪刀	布
对手的策略	石头	0	10	-1
	剪刀	-10	0	1
	布	1	-1	0

图3—4　变动规则的猜拳游戏中对手的收益

针对对手的布，有利于自己的策略就是等概率地出石头和剪刀，即出石头和剪刀的概率是1∶1。针对对手的石头，有利的策略就是按照赌注的比例，以1∶10的概率出剪刀和布。也就是说，我们可以通过多出布来压制对手出石头获利。把这两组比合起来，石头∶剪刀∶布的概率就是1∶1∶10。任何策略只要采取这个比例出拳，对手的策略也就剩下出剪刀了，而且胜负比是10∶1。这个比例是赌注金额的反比，对手出剪刀也就谈不上有利无利之分。

也就是说，要想使自己的行动不被别人看透，关键是不要让对方“盯死”，不能做出令对方处于绝对有利或绝对不利的策略中。在变动规则的猜拳游戏中，石头、剪刀、布的比例是1∶1∶10，那么每次出石头和剪刀的概率是1/12，布的概率是

10/12。这样，无论对手怎么出拳，平均来看你既不赢也不输。通过这种无损策略，就能看出对手的行动，从而知道对手的习惯。如果对手不进行策略性思考，他采取的不是1∶1∶10的策略，那么结局肯定就是对我们绝对有利。只要稍微改变下策略，就能在猜拳中获胜。

根据我的经验来看，大部分人看上了10倍的赌注而倾向于出石头。这时我如果多出布的话也就能获胜。而如果对手也进行策略性思考，最后他也会按照1∶1∶10的策略出拳，最后双方也就打个平手，实际上这就是这个游戏的均衡。绞尽脑汁地在策略上下半天工夫，最后却是胜负不分，这确实有些无聊。但是，在这种非生产性的、只是相互赢钱的游戏中，任何一方获胜都谈不上是均衡状态。

原则10 在胜与负的策略性环境中，要主动制造策略性风险，不能使对手处于绝对有利或绝对不利的境地。

在竞争激烈的社会环境中，策略可以说是胜负的关键，是核心所在。而在专业棒球比赛中，某些解说员的评论可以说是毫无策略性思考可言，随口而出，却也能赢得阵阵喝彩，这个现象真是让人莫名其妙。这种例子很多，比如，“观众们，最后一决胜负的时刻到了，投手要投出自己的拿手好球才能克制对方”，“第一球就应该打自己最擅长的路线来压球”，“应该先打两个直球，之后混搭变化球”，等等。对于这几个解说员的评论，如果有哪一个运动员真的按照他们所说的那样去打，很明显，就会将自己的策略暴露给对手，对手看到这个之后便会找到对策，这样反而对自己不利。对手一旦知道你要投自己最擅长的球，击球员就很容易击中，所以说越是这种情况下，越要让对手无法得知你将要投什么样的球。如果解说员说的话还能应验，也只能说这个比赛的参赛者水平也太低了，毫无策略性头脑。

击球员和投手的较量从策略的角度思考如下。首先，来看一下针对棒球投手投出的球，击球手怎么应对以及他们击中的概率。图3—5是其中一例。在此情况下，投手投直球，击球员预测到直球并击中球的概率是50%；投手投变化球，击球员没预测到但击中的概率是10%。同样，击球员预测变化球时，投手投直球就比较有效果。通过图3—5可以看到，投变化球时，对方击中的概率最大为30%，所以我们可以预测出该投手擅长的是变化球，也就说明击球员不擅长击中变化球。但是，正因为如此，投手也就无法总是靠一种变化球来取胜。因为根据上面所讲的原则，为了迷惑击球员，不让他猜中自己将要投哪种球，投手要交替投出直球和变化球。而这个直球和变化球的最佳比例，就是无论击球手预测哪一种球他的击中概率都相等的情况下的比例。

此时投手以直球：变化球为1：2的概率投球，那么无论击球员怎么预测，他击中的概率都是70%的1/3，约为23%。但是，如果击球员预测到投手只投自己擅长的变化球，那么他击中的概率就是30%。

		投手投出的球	
		直球	变化球
击球员的预测	直球	50%	10%
	变化球	10%	30%

图3—5　击球员击中的概率

我认为在比赛现场应该通过这种策略性思考来选择投什么样的球，当然，实际情况是不是这样我就不得而知了。要是换做我的话，肯定就在球场上施展这些策略，无奈我球技不行，无论是投直球还是投变化球都会被击中，所以，即使我有这种策略性思考，估计也发挥不了作用。

双方在无法预测事物中的较量

在制造策略性风险时有一点必须注意，那就是要保证最优概率比每次的独立性。回到剪刀石头布的例子，最优策略就是前面所说的1：1：10的比例，但是并不是说每12次你就一定要出剪刀1次、石头1次和布10次。有的比例的确是很小，所以不排除每次都连续出现石头的可能性。这就跟掷骰子的道理一样，某个点数真有可能连续出现。过去11次的确是没有出过石头，总不能就因为一定要遵循1：1：10的比例，所以就出石头，如果这样，对手一下就猜出来了。

但是，如何确保每次的概率达到1/12却又是个难题。所以，为了保证这个最优策略得到正确执行，就要找个道具来客观地测定这个概率。比如，我们可以准备一个骰子和一枚硬币。每次在剪刀石头布之前，先投一下硬币和骰子，如果硬币出现正面，而且骰子出现1点，就出石头，如果硬币是反面、骰子是1点，那就出剪刀，其余情况全部出布，这样就能客观地保证出剪刀石头布的概率比为1∶1∶10。

因此，在决定胜负的策略性环境中，关键就在于要做到不被对手猜透，这就需要随机选择一个能忠实反应最优概率，而不易被对手猜透的策略。专业棒球赛的投手就需要遵从最优概率比来决定投出的球的类型，以防止被击球员看穿。当然，在比赛中不可能每投一个球就掷一次骰子扔一次硬币，但是可以使用随机数表等工具，坐在凳子上通过电脑来解析数据。仅仅看电视是不够的。

要保持最准确的概率，除了自己擅长的策略外，还要适度混杂使用其他能让对手意想不到的策略。如果对手已经知道你擅长使用某种策略，反而会将战场环境搞得对自己不利。足球比赛中，如果总是用自己最擅长的脚踢球，那么其相应的踢球的路线就容易被对手掌握。所以，即使另外一只脚踢得不怎么好，偶尔也用它来踢踢，这在策略上是非常有效的。日本足球队员尽管总失败，但是总是呈现出突破对方防御线的态势，这种策略肯定是正确的。虽然对日本队来讲这一上一下很难，但如果不这样做，在策略上将陷于不利。

按照一定概率比来选择策略这种最优做法还包括，在分析对手策略时，不仅要考虑对手会采取何种策略，还要考虑对手采取哪种策略的可能性低。

赌场里的轮盘就是很好的例子。轮盘上除了有1～36的数字以外还有“0”以及“00”这两个数字，压中了这36个数字中的一个才能赢，比如，压中了数字“1”，就能赢36倍的钱。所以玩这种游戏，要想赢的话，肯定就要正确猜中数字才行。而在现实中，电视上播放的一些轮盘赌获胜攻略都这样解说：“从数字和颜色来看，过去8次分别出现的是黑、4、红、黑、黑、4、红、黑，4之后，出现的图案应该就是红色，所以要赌红。这就是轮盘赌游戏的必胜法则。”这样的攻略简直就是无稽之谈。

读者们要是能熟读我这本书，我倒是愿意讲讲如何去思考这类赌博游戏。首先，大的原则就是，如果这个轮盘赌的数字完全都是偶然出现的，那么压注的一方没有胜算。比如，如果压数字“1”的话，压中的平均概率就是1/38，而此时压中的奖励就是赌注的36倍，所以，赌得越多损失越大。庄家的最好策略就是，只要保证每个数字都是以相等的概率出现，即顺其自然就可以。

换句说话，轮盘赌想要获胜，也要靠一种预测和投机，当然这也仅仅限于所有的数字出现的概率并不是完全相等的情况下才行。如果能预测到这个数字，赢起来是很轻松的，但是，要预测到这种惯性需要相当繁重的统计分析。如果只是坐在赌桌旁边喝酒边下注那肯定做不到。要实施这些，就必须组成团队进行分工，有的负责统计数据，有的负责用电脑分析数据，有的则负责发出指令，通过相互协作才能达成，才能在轮盘赌中得到收益。有的人还真是专业，带上针孔相机和无线设备前往，当然，如果被人家发现会遭受何等款待我就不得而知了。

相对于轮盘，我还是比较喜欢一种叫做花旗骰的娱乐游戏。一般娱乐游戏是庄家与闲家一对一地赌，与旁人无关。但是这种花旗骰子例外，所有赌场上的人的命运，都取决于掷骰子的人掷出的点数，因此，玩的人会有一种连带感，这个比较有意思。当然，如果这个花旗骰的点数也完全是随机，下赌注的一方也是没有胜算的。但是，由于掷骰子的人是下赌注的人，如果他能控制骰子的话，那就真是无敌了。当然，跟前面一样，如果自己对骰子做了手脚而被发现，那就不知道是什么下场了。

还有一种游戏叫黑杰克，也称为21点，是一种纸牌游戏，当然如果出牌完全随机，闲家也是没有胜算的。纸牌一般都是4～6副，也有的地方是1副或者是8副。纸牌用到一定数量就要重新洗牌。所以，如果有人能记住哪些纸牌已经出过，也就能推算出剩余的牌，据此便能够计算出下一张牌的情况，这跟轮盘是一样的，玩得越久，理论上也就越能获胜。在电影《雨人》（*Rain*

Man）中，达斯汀•霍夫曼和汤姆•克鲁斯在21点游戏中大获全胜，靠的就是这种方法。但是，实际操作中玩过的人就会知道，要想达到理论上的完胜，就必须集中精力记住所有的牌。如果半途而废反而会大败而归，在这里不做详细说明了。这种娱乐性的小赌，其目的也就是为了好玩，活跃气氛。但如果是带着赌钱的目的去玩，那结果会很惨。

积土成山

1987年1月，我当时正在读研究生一年级，想要去美国留学，我一边给各大高校发申请书，一边参加各种奖学金资格考试为留学筹集学费。但是富布赖特奖学金（Fullbright Fellowship）申请失败后，其他的也接连失败了。再说得具体一些，其实我这两年都在申请奖学金，但却一直不断失败。那时，最后一个希望就是M公司的奖学金，以前都是书面审核和笔试都过关，就在最后面试的时候落榜，而当时，也正好剩下面试。

参加完在京都的M公司总部举行的面试后，我决定途径北陆然后再返回东京。第一天晚上就住在福井青年招待所，招待所很大，但入住的客人加上我就只有两个人。夜深后，就和收拾招待所的老板以及另外一个45岁左右的男性客人围着火炉聊家常。因为老板要甩卖日本电报电话公司（NTT）股票，所以就聊些在多少价位卖出的话题。青年招待所的客人少，今天虽然只有两个人其实也算不错的，这招待所的工作想来也没什么前途。聊着聊着，这位男性客人慢慢地引出话题，跟老板说什么借着这只NTT股票，将来说不定可以时来运转。后来才知道这位客人是销售开运印鉴的。

我当时极力争辩说，卖开运印鉴的人就是那种抓人弱点的黑心商人。但是，那个长得像电视剧《寅次郎的故事》里寅次郎的男子这样回答："你可别小看了这个印鉴，一枚字写得漂亮且文字排列清楚的印鉴，和一枚字体歪斜且乱糟糟的印鉴，哪一个更能给人留下好的印象？肯定是第一个好。这个效果可能非常细微，以至于看不出什么大的区别。但是，印鉴这个东西经常出现在人们的眼中，久而久之，细微的效果慢慢叠加，不知不觉就会有人对这个感兴趣，最后可能就卖得好。虽然每次的可能性都很小，但如果不断积累，总会有一次会成功。所谓的开运呢，指的就是这个。"

一直以来都极其鄙视开运印鉴之类迷信风俗的我，今天却对他这种科学的解释赞叹不已，顿时大悟。于是我就自报姓名，请求他判断一下运势。我说我现在事事不顺，做一个失败一个，现在也是刚参加一个奖学金的面试回来，这是多次失败之后的最后一线希望，是不是这个最后一次就是一个契机，之后就可以否极泰来？这位长得像寅次郎的男子点头说：“可能吧。”于是，我的心情突然好了起来，带着轻松的心情怀着憧憬回到了东京，但是，还是早早地接到了M公司发来的落选消息。

几周之后，我却接到了哈佛大学的合格通知电报。之后更是奇迹般地申请到了哈佛大学的奖学金，于是我在当年8月便前往美国。至今，我仍然相信这位“寅次郎”先生的开运论。

第二部分 戦略的思考の技術

策略性经济分析的密码

第4章 动机

人的行动随着自身偏好改变

动机指的是诱使特定主体做出某项行动的诱因，以及提供该诱因的体制。动机的解释有很多，比如诱因、动力等，也有人称为激励策略。每个人做某项行动肯定有其背后的理由，而这个理由就可以看做是诱因。

你不可不知的博弈论名词

戦略的思考の技術

动机： 动机指的是诱使特定主体做出某项行动的诱因，以及提供该诱因的体制。动机的解释有很多，比如诱因、动力等，也有人称为激励策略。

可以这么说，如果不思考个人所直接面对的动机结构，就无法理解社会经济现象的本质。这么说虽然听起来有点夸大，但实际上，我们在日常生活中都在经历并且思考动机结构。甚至可以说很多人都在享受着弄清这个结构的快乐。

推理小说中主角在进行犯罪调查时，很重要的一个惯例就是，事先查明犯罪嫌疑人的犯罪动机。被杀的人肯定有被杀的理由，从这个理由进行推断再找出可疑的凶手。悬疑片中也是这样，这种片子精彩的地方就是，事件的相关人之间，都存在着微妙的利害关系，主角凭借惊人的逻辑冷静分析，一步一步挖掘，将所有发生的事情串联起来，最后查明犯罪动机，真相大白。换句话说，这种类型的片子，关键还是动机，有极具创意的动机看起来才更精彩；平庸无奇的动机只能让人看了觉得索然无味。美国著名推理剧《神探可伦坡》[①]系列就是巧妙地运用了这一点。电影开始的5分钟，可伦坡就知道凶手是谁，但是，在他逐步解剖凶手所面对的微妙的动机结构时，剧情可谓是跌宕起伏，引人入胜。

各种各样的动机

经济问题上的动机，大概可以划分为由价格、金钱产生的动机，由法律和制度产生的动机，以及由习惯和宗教产生的动机。

由价格、金钱、物质产生的动机，其作用最明显。因为金钱和物质能立即影响我们的行动。

比如有件西服，很纠结要不要买，但有一天商店打折，价格

① Columbo，一个有名的经典美国电视电影，由彼得·福克（Peter Falk）主演。——译者注

降了很多，这时我们就会毫不犹豫地买下来。简单地说，是因为降价了才买，这其实就是价格动机，或者说，由于价格降了，买的动机增强。如果价格上涨，购买的动机便降低。这个道理应该是非常简单明了的。

你会发现有些售楼公司给前来看房的人送礼物。这些礼物的确都不贵，但是能让人们看楼的兴趣增加，有礼物总比没有好嘛。这个礼物就是促使大家去看楼的动机。现在大学里，学生逃课的现象比较严重，如果给每位上课的学生发个小礼物什么的，或许前去上课的学生就会增多。或者是在开学交学费时，干脆费用多收取一些，然后对经常上课的学生每次返还一定数额的现金，这样效果肯定会很明显。男性花钱请女性吃饭，也同样有这样的效果。

由法律和制度产生的动机，就是指法律所导向的行动。这个动机乍一看好像挺容易实施，但是如果没有一个有效的奖惩机制，也就无法使动机产生。同时考虑到这个奖惩机制运行的成本，所以，通过法律产生的动机也就说不上有效。比如杀人和社会道德这两个问题，假使法律只是说杀人是不行的，而不对杀人这一行为做出任何惩罚性规定，那这个社会究竟还能不能持久成立我就没把握了。

对大多数人来讲，之所以没人违规停车，既不是因为车主交通道德的高尚，也不是因为车主精通交通法，而是因为他们知道违规停车是要被罚款的，这个动机才使得他们不敢有违规停车的念头。如果没有法律对违规停车做出惩罚的规定，交通混乱是必然的。对禁止停车这一规定管控越少的地方违规停车的现象越多，就恰恰证明了这一点。

这种情况下，法律的作用就是通过对违规者施与金钱动机（罚款）来制约众人的行动。在刑事案件中，动机通过刑役的形式产生。不管怎样，法律不过就是将动机的结构明文规定了一下。因此，法律本来就是通过参考金钱动机这一必要的关系而制定的。虽然现在社会上大家都很讨厌通过罚款来解决问题，但是不要忘了，由法律产生的动机，如果没有金钱的方式来驱动，也就无法发挥作用。

由习惯、宗教产生的动机可以说不仅效果非常好，而且也根本不需要任何成本。但是问题在于它不一定全是发挥好的、积极的作用。大部分宗教都是教人从善，不要杀人，杀人会受到上帝的惩罚。信徒因为害怕惩罚或者是尊重上帝的意志而放弃杀人，这就是宗教诲人不杀生的动机发挥了作用。如果是这样，我们甚至连监狱都不需要，通过上帝的这种惩罚就能作用于大家，降低甚至消除流血事件。在这种情况下，我们人类为此所需要花费的成本也就不多了。因此，可以说，因宗教产生的动机是非常有效的。可惜的是，这种惩罚，对于不同宗教信徒之间的屠杀却发挥不了作用，所以过度依赖宗教的力量也是非常危险的。

改变人行动的动机

动机决定人的行动，人的行动因动机而变。换句话说，这也就意味着通过改变动机的结构就能改变人的行动，否则无法实现。如果人们的行动不合理，那也只能说明给予该人群的动机是不合理的。

比如鼓励孩子努力学习，如果只是对孩子说现在不好好上学，将来在社会上会很被动，这种教育方法几乎没什么效果。因为孩子对“将来很被动”完全没有概念。这个动机之所以没有效果，原因就在于：第一，“将来很被动”这个东西对小孩来讲很不具体，他们无法理解这个会成为自己将来的惩罚；第二，即使我现在努力学习，就能保证“将来不被动”？这一点其父母都不敢保证，也就更无法让小孩来理解这个将来的惩罚。所以，在教育孩子、鼓励孩子好好上学时，关键还是在于跟小孩有个具体的约定。比如说，只要好好学习就奖他一些值钱的东西。这样小孩才会有学习的动机，进而他的行动也就会发生变化。

某女性想改变自己男友的服装品味，也必须要给对方一个动机。女方在男友穿上她满意的服装后要加以褒奖，这样才能使男友产生动机，而开始注意自己的穿着打扮。如果你只说对方穿得很糟糕，没什么品味之类的，男方肯定会否认你所说的。这样一来，由于男方没有动机存在，你指望他能有一天衣着品味突然提高，这个概率比日本足球队取得世界杯冠军还低。对女方来讲，麻烦的可能就是如何去选择奖励的方法。理论上通过金钱可以达到目标，但是几乎很少听到有女性这么去做的。相反,倒是男方给予女方动机时大部分情况下是靠金钱。

社会上随处乱扔空罐子的现象屡禁不止，这也从反面证明了促使人停止乱扔空罐的动机还是很弱的。要减少这种行为，强化惩罚规定便是一种方法。新加坡的街道上别说是空罐子，连垃圾屑等都很少见到，这是因为新加坡有着严格的惩罚措施，一旦发现有人扔垃圾将会严厉惩罚。但是，强化这种动机的方法不仅仅只有惩罚。如果收购这些空罐，那么这些空罐很快就能聚集起来，乱扔的现象会大大减少。收购就是由金钱所产生的动机。《预付保证金返还制度》就是这样一种制度，能达到政府收购空罐的效果。只要购买一瓶罐装饮料，就要收取5日元或者是10日元的置罐费，喝完后归还空罐便能领回所缴纳的费用。这个制度与日本政府在电力行业实施的《电力买取制度》有相同的效果。

从2001年4月起，日本开始实施《家电回收利用法》，电视机、冰箱等大型家电产品的回收利用成为每个家庭的义务。其结果就是家庭要处理这些家用电器，必须支付再回收利用时所产生的费用。这些费用根据各个家庭所在地以及电器的大小而定，比如要处理一台电视机，起码要花费4 000～5 000日元。一个家庭买了这些电器，享受到了各种便利，现在电器要报废，理应由这个家庭承担回收利用的费用。但是，向家庭征收回收费用的做法也存在其他问题，比如会导致人们产生违规处理家电的动机。因为通过正当途径处理家电需要支付费用，而这笔费用着实不菲，所以很多人不愿意支付，他就会偷偷地把电视机扔到附近的垃圾场，或是半夜三更把冰箱扔到荒郊野地。当然，政府不可能时时刻刻都去监视每个人是否在违规处理家电，再说违规处理家电的事情即使被发现也不一定会受到惩罚。因此，违规处理的成本，很有可能比依法处理的成本要低很多。所以，这几年很多大型公寓、地方自治区等都在为垃圾问题而大伤脑筋，而这些垃圾源，大部分就是那些违规处理的家电。要解决这个问题，需要通过各种方法来强化大家支持回收利用的动机，比如可以向违规者处以1 000万日元的高额罚款，使得违规处理家电的成本变高，或者也可以在每个家庭购置新家电时收取处理旧家电所需缴纳的费用。

削减温室气体二氧化碳的排放目前是日本面临的重要问题。石油、天然气等矿物燃料的燃烧是温室气体产生的主要原因，控制家庭以及企业所需的石油、天然气，或者是抑制通过该燃料产生的电力消费能有效地削减温室气体的排放。日本环境署很早就开始呼吁大家爱护地球，养成节约用电、节约用油、注意随手关灯等习惯，但是很难有明显的效果。因为这种呼吁究竟能不能促使人们去改变个人习惯，能不能唤醒人们对地球的爱护，没人能知道，即使唤醒了，人们这样做的动机究竟有多大也是一个疑问。如果真要削减，那么就应该给每个人一个金钱动机，使得他们自觉减少矿物燃料的消耗。环境保护税就是其中一个例子，只要消耗石油，政府就要征税。

现在大学课堂中逃课现象严重，逃课理由也很多，其中一个就是老师讲的课枯燥无味。我们且不讨论这个因果关系对不对，但事实是，讲师根本就没有动机把课程讲得生动有趣。有的学校实施教学评价，也不断地有很多学校在引入这种教学评价的方法来促使教员在讲课上花心思，但是评价这也只不过是在测定教学成果，教师的教学动机结构并没有变化。应该对评价高的教员支付更高的薪水，否则，任何事情也只是换汤不换药。

动机契约

在给对方传递某个行动的动机时一定要到位。如果信息传递不到位，接收动机的一方不知道这个情况，那也就没有任何意义。比如前面所说的《预付保证金返还制度》，这个制度的目的是为了回收并循环利用空罐子，但是有了这个制度后，却不向大家宣传，这样就没有任何意义。还有，在某些特定区域，对违规停车的车主会进行特殊罚款，但是如果有部分车主不知道这一罚款规定的话，那这个做法也就没有任何意义。如果你打算对穿着打扮符合自己心意的男友进行褒奖，而男友却不能觉察到这类褒奖,那也没什么作用。

所以，我们要明白，**对于某个行动我们将要给予什么样的利**

益，在事先就应该确认、约定好，这是策略性的重点所在。这样的约定就是动机契约。在商业中，双方签署契约不确定某个固定的支付金额，支付金额可以随着具体情况的变化而变化，这也是一个动机契约。动机契约将动机的结构简单化，同时还值得关注的是，动机契约还能让契约双方很清楚地明白这些动机的存在。

专业棒球员在同球队签约时，事先就约定好在本赛季比赛中获胜的目标，超过目标，就在原定的年薪基础上给予奖金奖励，这就是一种动机契约。我们思考一下球员的契约，棒球员每年在重签约时，球队总是参考前一年的表现来决定球员下一年的薪水，所以球员努力打球的动机就应该非常充分。但问题是，棒球队是在球员做出成绩之后才给出奖励，事先并没有提出。这样，就导致在服役中的球员无法得知自己如果表现得好究竟能够得到多大的奖励，最后，比赛中球员的动机强度也就显得有些模棱两可了。**动机契约的优点就是事先能够清楚地确定好动机。**

日本的手机用户人数在2002年4月约有7 000万。我上大学那时是20世纪80年代，大学生根本就没有手机，所以说这个普及速度是非常惊人的。而推动手机普及的一个因素就是手机生产商同手机销售商之间签订的动机契约。由于手机厂商约定，只要销售商出售一部手机就给对方支付一定金额的补贴，这样销售商哪怕以较低的价格出售手机也能保证一定的收益，这就是所谓的薄利多销的动机。手机能够得到迅速普及当然是由于其便利性受到广大用户的认可，但是手机厂商此时的策略发挥的战术作用也是非常大的。

在企业或其他组织中，对于那些决定组织运营方式的高层，股东必须给予他们激励，使他们能为企业的未来发展仔细筹划。某些企业给予公司管理层以一定的股票，甚至非管理层的普通职员也可以持有公司的股票，其实就是将公司的股票价值与员工的利益直接联系起来。相反，如果企业员工的命运没有同企业的盛衰荣辱联系在一起，大家也就无法统一意见，更无法产生为公司提高运营效率、为公司谋利益的动机。

现在比较流行成果主义工资体系。这个体系其实就是一个动机契约，通过给在工作上做出巨大贡献、业绩突出的员工支付高额的工资来促使他们有动机去努力工作，创造业绩。在此，关键点不是改变动机的结构，而是要让做出成果的那个人明确认识到这一点。一般比较勤劳努力的员工的业绩报酬，最后都是通过升职的形式来体现。但是，对于这种比较渺茫的升职期望，其动机强度很小，而且现在日本很多企业都处在稳定发展期，企业员工普遍感到通过做出成绩而升职的可能性越来越小。

那么，工作的成果、业绩究竟应该通过什么来衡量呢？这也的确是个问题，在没找到某种形式可以反映成果之前，就引入成果主义的话，是很难激发大家努力工作的欲望的。

对此，有人会说我们至少还有比较均衡的年功序列工资制在发挥激励作用，而美国的成果主义并不适合日本。也有人说目前劳动者热爱劳动的美德已经丧失殆尽，到了不得不使用成果主义的阶段。其实，请记住，在日本经济脆弱时期，企业不倒闭还能得到持续发展这一事情本身，对每位员工来讲就是一个很大的成果和报酬，而且在那个时期，很多大企业的管理层也有空缺的位置，员工通过自身努力而得以升职加薪的可能性很大。也就是说，员工预期现在努力的成果在将来很可能得到回报，大家才会去为这些回报而努力工作。所以，不能说在没有动机的情况下，道德上的义务感能促使他们去努力工作。

总之，让劳动者愿意努力工作的成果主义激励体制在日本早先就存在，不过这并不是为追求美国式的经营方针而突然产生的。问题是，随着时代的发展，勤劳者的成果报酬以及未来晋升的可能性变得更渺茫，动机强度越来越弱。因此，作为一种动机契约，成果主义工资体系通过明确规定成果与报酬的关系，更容易加强动机，在反复实践过程中会不断地得到推广发展。同时，劳动者也在期待它的发展。根据日本公益财团法人社会经济生产性本部[①]对新进员工意向进行的调查报告显示，希望能力主义、成果主义工资体系能得到重视的新员工数量每年都在增加，在

① 社会经济生产性本部是日本的一个公益性组织，现为日本内阁府行政厅管辖，主要从事社会经济系统以及生产效率的调查研究、信息收集，并提供相应的研究报告等，旨在为国民经济发展、提高国民生活水平方面提供帮助。——译者注

2002年的调查对象中，持有这种想法的新员工占到了70%。

考察动机、找出真正的原因

每个人的行动后面必定有支持该行动的动机，这就意味着，我们通过他的行动判断此人真正想法的时候，应该从他做出这一行为的动机方面来考察。

最近有很多所谓的“安全加油”的加油站，这些加油站都为前来加油的车的发动机提供免费检查。这个检查的确是免费的，但是检查后他会告诉你水箱的排水管需要更换，或者机油需要更换等，然后又说现在正在搞促销活动，价格很低，甚至连宣传手册都做好了，其热心程度简直让人泪流满面，感动不已。但是思考一下他们的动机，你就不会如此感叹了。他们的动机就是让你更换一些你根本不需要更换的汽车部件。首先你要知道，汽车内部的某些零件可能的确有些旧了，但目前至少还是能用的，加油站把目前正常使用的部件换成新部件后，车当然不会那么容易出问题。再说，把更换后的零件带回家的车主更少，所以，无论如何，让车主换上新的零部件对加油站来讲，肯定就是有利的。

其实，医生在开药方时也有着同样的动机。如果医院也可以出售药物，那么医院就会产生出售药品获利的动机，医生会让病情并不严重的患者大量购买药效温和的药品服用。现在规定不让医院卖药，那么患者只能拿着医生开出的药方去药店买药。这个做法看起来很麻烦，医院只开方子不卖药，让患者大老远去药店买药，简直是折腾人嘛。但是仔细思考一下动机问题，也就能明白此举其实是在帮患者节省医药费，不至于被黑心医院乱开药。

在会议上，我们常听到：“什么什么制度存在问题必须更改，改革的时机已经到了”，“通过开展某某活动，给大家带来便利，群众反响很好，应该保持下去”，“群众对某某某越来越不满”，等等之类的发言。对于这种发言，我们需要注意一下。说这话的人的证据就是“改革时机到了”、“群众反响很好”，但是，他所说的改革的时机究竟是怎样一个关键性时机，从何处观测得到的？他所说的反响好的群众究竟又在哪里？这一切都完全不清楚。要让所有人都满意，一个反对者都没有，那是不可能的事情。要认识到发表这种言论的人的潜台词其实就是：“我觉得改革的时机到了”、“我觉得群众反响很好”、“不满的是我”。不管如何，能肯定的就是发言者本人是这么想的，要再进一步挖掘为什么他会这么说，思考下他发言的动机就很明白了。绝对不能被发言者的“群众”这样一个毫无根据的“客观性”帽子所欺骗。“大家买了我也去买”等诸如此类受他人唆使购物的做法，都是不懂策略性思考的行为。“大家”这一个概念究竟有多大，人数有多少呢？这种发言其实很奇怪。

在制造动机上下工夫

一个有效的动机不一定就是通过直接给予物质、金钱产生的。获取这些物质、金钱的可能性，或者是失去物质、金钱的可能性也会导致动机产生。要促成某项行动，也不一定就要立刻给予对方奖励；禁止某项行动，也不一定就要通过罚款的方式。

违规停车每次罚款10 000日元，被罚的概率如果是1%，那么平均下来每次也就是100日元，这比合法停车的停车费还要便宜，从经济角度看，违规停车还更划算、更合理。所以，有人认为，为了提高罚款的效果，就需要加大监测违规停车现象的力度，提高罚款的概率，但这样必然会增加执法巡视人员的数量，最后导致人员成本增加。现在换个思路，假使违规停车现象被发现的概率仍然很小，也就是说，不增加执法人员，保持违规停车被发现的概率不变，但是可以把罚款增加到足够大的一个金额，这样，其动机效果也就增强了。比如现在发现违规停车的概率变成0.1%，但是罚款金额变成一亿日元的话，我看就没人敢越雷池半步了。只要罚款有法律的支持，其罚款金额就可以根据罚款概率而定。

一个有策略高度的人，一般擅长话里带话，说得好听一点就是没把话说死，说得难听点就是有点儿忽悠、故弄玄虚、蒙人的感觉。有的人跟别人约定说“下次找个机会，两个人怎么样怎么样”之类的客套话，其实所谓的这个“下次”不知道是什么时候。如果有人总是在你面前说将来给你什么大的好处、回报，要你怎样怎样，其实真的给你的可能性很小。当然，如果对方完全相信你说的这一套，那么即使你没打算将来给对方好处，或者说给好处的可能性很小，对方也会有足够的动机按照你所说的去做。

动机，可以是来自于未来能够得到的回报。在日本企业的终生雇佣制、年功序列制中，就存在这样一个动机。虽然刚进公司那段时间，所有员工都是同样的工资体系，但是，只要努力工作，将来就可以升职，可以担任其他职位。即使现在的工作成果在目前同工资不相称，但是考虑到未来的升迁，大家还是干劲十足。如果没有这个预期，员工努力工作的动机就会大打折扣。

只是，要想使大家对未来能得到回报的这个期望成为现阶段的动机，前提就是要保证企业与员工存在一个长期稳定的信赖关系。如果将来公司倒闭了，哪里还会有回报呢？如果没有一个事例来向大家证明，只要努力为公司做出巨大贡献就能获得升迁，那所谓的未来回报在大家看来也就是一张空头支票。任何员工在现阶段工作动机的大小，都取决于他对未来的一个预期。经济景气的社会，前景乐观，人们对未来的回报持有信心，其动机就越强；相反，如果人们对未来感到不安，持悲观态度，依赖于未来回报的动机就会脆弱得不堪一击。

忽悠用多了，效果也就不明显了。最后要是再承诺一个很不现实的回报，对方也就不吃你这一套了。所以，此时关键是要有一个至少让对方觉得有可能的回报，建立一个相互信任的关系。

前面讲过，因为执法人员成本的限制，要提高违规停车现象发现率是不可行的，但是，可以提高每次发现违规停车的罚款金额，以达到减少违规停车的目的。只要考试存在一天，作弊现象就不会消失。监考过的人都知道，考试中检举作弊是一件很难的事情。也正因如此，大学针对作弊事件就规定，只要发现并证实一次，就会做出停学一年或开除学籍等相关处罚，这些处罚都是关系到每个学生未来的大事。

考虑到动机的强度依赖于罚款的概率，就要让车主知道这个准确的概率，甚至可以稍微将这个概率说高一点，这个做法很重要，在很大程度上能减少促使动机产生的成本。罚款本身并不是目的，真正的目的是借此来改变车主的行动。如果在执法中为了罚款而故意向车主隐瞒这些信息，甚至挖坑让人家跳，那就毫无意义。

对于考试作弊，一经发现立刻严惩，并且要尽可能多地向大家公布这样的消息。如果只是表示下不为例而原谅作弊的话，事情就会立刻在学生中传开，大家也就认为作弊即使被抓，受处罚的概率也是很低的。

“注意猛犬”的警示旁边，一般只要有条狗在就行，至于养的狗是不是恶狗猛犬，其实并不重要。我在美国时住的公寓里贴有“完全处于保安系统戒备中”的警示，但是，我在自己的房间里找了半天，也找不到有所谓的保安系统。这些做法，其实是给那些陌生人一个动机，警告他们屋主不欢迎陌生人，最好离门远一些。这种做法通过使陌生人高估被公寓保安系统监测到的概率从而放弃进入公寓的动机。对主人来讲，施与动机的成本可以得到减少。但是，这种做法也不一定总是有效果。如果是惯犯，他就明白“注意猛犬”这一警示的真正含义。而有的人模仿西科姆公司[①]电子安全系统的做法，在自己家门上也贴上“完全处于保安系统戒备中”的警示，这的确有可能起到防贼的效果，但也有可能惹上侵犯别人商标权的麻烦，所以还是好自为之吧。

理论上来讲，罚款数额越大、奖金报酬越大，那么罚款和奖励的概率可以相对低一点，但是也应该有限度。如果罚款金额过大，而有人只是因为不小心才触犯了规定，最后却也落得个万劫不复的境地。如果政府规定，乱扔垃圾者判处无期徒刑，我相信这个规定一出台，绝对没人敢犯。但是，比如突然一阵大风把某个人的垃圾袋吹落，而又正好被抓，这个人就要因此在牢狱里度过一生，这种处罚，肯定谁也受不了。惩罚的大小如果没有个限度，对无意犯错者就非常不公平。

---

① 西科姆：原文是SECOM，成立于1962年，现为日本最大的安全系统公司，同时也是跨国安全系统集团。——译者注

再说，人们比较容易忽视小概率事件。比如现在我在11楼写这本书，这时突然发生地震导致书稿丢失的概率并不是零。但是，我写稿子的时候根本就不会考虑这个概率。故弄玄虚的策略也如此，如果能让对方高估可以获得奖金、报酬的概率，效果当然更好，但是如果完全不给对方奖励，那么对方预测自己将来能获得奖金、报酬的概率就会降低，甚至低到可以忽略，就会导致动机减弱。所以，这个策略的要点就是，**对于奖励，开始要一点点给，让对方抱有极大的期待，之后对方就会明白奖励和赞赏是时不时地可以得到的**。这跟恋爱刚开始时电话打得频繁，后期慢慢减少，上钩的鱼不再放诱饵的道理是一样的。等到快要遗忘时，又突然带着花去探望，这时动机效果又奇迹般地增强了。

长期关系与附加条件的惩罚策略

有时，即使现在不给予奖励或者惩罚，而是承诺未来一定给予或者有一定的概率给予，也能让对方产生动机。也就是说，在长期关系这个前提下，对现在的行动承诺一个未来的惩罚，即附加条件惩罚策略也能使对方产生采取某个行动的动机。如果运用得当，这个方法可以成为节省动机成本的有效方法。

让小孩产生收拾房间的动机的一个方法是，告诉孩子如果房间收拾得干净，会多给零用钱。同样有效果的做法是，如果不收拾房间，减少每个月的零用钱。说白了，就是听话就给予奖励，不听话就给予惩罚。不管哪种方法，都能让小孩产生收拾房间的动机。要点就在于，虽然这两种方法都能让小孩乖乖地去收拾、整理房间，但是，第一种方法，家长必须实现承诺，给小孩增加零花钱，而第二种方法，家长什么都不用做，即无须花费任何额外的成本。违反规定便给予惩罚的这种策略，实际上就是在不需要给予惩罚的前提下，就能使对方产生不违反规定的动机。大多数法律就是运用这种效果。法律禁止的就不能做，换句话说，法律就是附加条件惩罚策略。

还有一种比故弄玄虚策略更恐怖的策略，我们暂且称之为空头威胁策略。故弄玄虚策略，至少偶尔还能收到一些回报，而擅长空头威胁策略的人，对那些不顺从自己意思的人，动不动就直接下狠话说不干拉倒，以此来威胁别人。而实际上，他才不想同你一刀两断。

有时，本来有利害关系冲突的人，突然就变得合作起来，这个现象可以通过运用附加条件惩罚策略来理解。有关工程承包谈判的事例可以说多如牛毛，但是一个很简单的问题就是，为什么原本存在竞争关系的建筑公司之间会一起合作？其实，这其中就是附加条件惩罚策略在起作用。也就是说，在这行如果谁坏了规矩，以低价获得工程承包的资格，那么下次就有人不遵守约定，也以更低的价格进行竞争。如果这样，就意味着业内将产生激烈的价格竞争，进而严重危及公司利益，与其这样，还不如按照事前约定的那样，每个公司都按照顺序轮流得到工程承包资格，也就是说，不破坏行内规矩对大家来讲是最有利的。这样，激烈的价格竞争也就得到避免，以高利润轮流承包的状况就能得到维持。

附加条件惩罚策略，在无须向对方做出具体指示、无须进行约定的情况下也能发挥其效果。同伴意识、共同体意识等一般就是由附加条件惩罚策略所维持的，尽管他们相互之间并没有明确的指示。但是，如果有谁违反规定，得到的惩罚就是被群体孤立。所以，向群体靠拢，遵守规定，这就是共同体意识的策略性结构。很多夫妻估计有些事情是想背着对方偷偷地做的，但是一旦被发现情况会非常不妙，以至于最后双方也就不敢做，这就是附加条件惩罚的效果。日本不论是从银行的经营方针，还是到奢侈品的流行泛滥等都能普遍看到“平等均一现象”，也就是说大家的做法差不多。因为大家都知道如果从这个“平等均一”的队伍中脱离出来，肯定会受到惩罚。

合适的动机强度

我们已经知道如果要控制人的行动就必须给予对方动机，但是，动机还存在一个强度大小的问题。动机越强，就越能激励对方采取行动。但是，动机的施与是需要花费成本的，而且诱导、刺激这个行动，其力度也必须恰到好处。

在回收空罐子时，如果对每个空罐子都给予1 000日元的奖励，我相信日本的道路上就会看不到空罐子的影子。但是，为此而付出的成本也肯定是巨大的。如果对电器、天然气等征收其产品价格十倍的环境保护税，那么日本的能源消耗肯定也就会立刻剧减，《京都协议书》里的温室气体的减排目标不费吹灰之力就能达到。当然，如果这样，我们就会重新回到没有灯、没有电器的“原始时代”了。极度崇拜原始自然生活环境的人或许还能忍受，但我肯定是要断然说“不”。邀请别人吃饭，不仅自己埋单请客，而且吃完了还给对方钱，那么愿意跟你吃饭的人，排队可以排到天上去。但是，这样的话，我们就搞不懂这么做的目的何在？动机强当然是好事，但是一味地强调高强度的动机不一定就是好的。也就是说任何事情都有一个度。

在简单的物品买卖中，只要对物品进行标价，就能做到动机的自动调整。比如，制造生产一件物品需要2 000日元，准备以4 000日元的价格出售。这时，如果这个物品不能卖到2 000日元以上，就没人愿意制造。而买方在价格低于4 000日元时才有购买的动机。此时，这件物品的价格，假如变成3 000日元，生产者就愿意去生产，而买方也愿意购买，这件物品也就能顺利地被生产出来。但是如果买方只肯出1 000日元，而此时卖家又找不到一个能让他产生制造该物品动机的价格，那么这个物品就不能被生产出来。买家只愿意花1 000日元去购买的东西，生产商却偏偏要花2 000日元的成本去生产，那肯定是脑子坏了。也就是说，生产商肯定不会去生产这个物品。总之，**买卖双方之间进行的产品制造成本与产品便利互换的简单交易中，价格能自动地为买卖双方提供一个适当的动机，**这也是经济理论中需求与供给的要点。

但是，采取行动的一方如果不承担生产成本费用，或者购买物品的人不能从购买的产品中得到便利，那么动机不一定就会自动产生。即使我们知道一定要给予动机，但是给什么程度的动机也很难说得清楚。现实中也有很多例子可以说明有些价格无法自动调节。

比如前面所说的环境问题。现在全球变暖已经成为现实，毋庸置疑，这都是因为我们消耗矿物燃料排出了大量的二氧化碳所导致。而抑制二氧化碳的排放，或者处理这些二氧化碳的动机却很小。所以，为了促使大家主动减少二氧化碳排放，究竟要通过什么方法来给予大家这个动机呢？动机的程度又应该是多大呢？这是一个难题。由于地球是一个整体，任何一个国家削减二氧化碳的排放，受益的将不仅仅是这一个国家和地区，还可以惠及全球。正因为如此，每个国家都存在这样一个动机，那就是他们自己不会去努力削减，而是指望别国去做。

学生时代的一些记忆

刚入大学时，可能是因为对应试教育的反感，所以当时还想在日本闹革命。想着既然闹革命，那首先就要学习马克思主义。为此，我翻阅了《资本论》，无奈的是里面的内容完全看不懂。之所以看不懂，我认为可能是因为还没有理解马克思主义哲学，所以又去岩波文库研究康德和费尔巴哈什么的，但结果还是什么也看不懂。于是，我又去研究在他们之前的哲学，还是不懂，于是就再往前推，就这样一直追溯到了亚里士多德。可能是自己也没研究彻底，所以这些内容已经几乎都忘记了。现在再回头去看看自己当年读过的书，书中到处都是画的横线，还有当时阅读心境下的批注，看这些批注还挺有意思。所以，各位同学们，你们现在大可以在你们自己的书本上乱涂乱画一番。

马克思和恩格斯合著的《德意志意识形态》（1845—1846）一书中有一段总结：“哲学家们只是用不同的方式解释世界，但问题在于改变世界。”

我当时好像对这句话非常赞成，不仅用红笔画圈圈住，而且在很多地方都将这句话写上。当时我将这个“改变”同“革命”联系在一起，从策略性思考的角度来看还真是极其幼稚啊。因为，要改变现实，就必须要改变人与人之间的行动动机结构。

戦略的思考の技術

第5章 承诺

自我约束

承诺是指自己表明将来要采取的行动，并且约束自己一定会去执行。这一行为以及约束的内容都称为承诺。

生活中我们不难发现很多承诺具有重要意义。见面前约好时间地点、准时赴约，实现了对对方的承诺。预约也是一种承诺。预约餐位，说明预约人将会按约定前来就餐；预定游戏软件，表示当事人在新产品发行时就会前来购买。

你不可不知的博弈论名词

戦略的思考の技術

承诺：是指自己表明将来要采取的行动，并且约束自己一定会去执行。这一行为以及约束的内容都称为承诺。

但是，其中最明智的一种决策方法，就是“观望策略”，即不断静观事态发展，不到万不得已时，不要表明自己的态度。因为万一情况发生变化，你可能会改变行动，而此时由于自己已经承诺在先，这时想要做出改变就不太可能。没有人会去预定地铁车票，也没有人会预定公园的门票，去美术馆参观也不必提前订票，因为这些都可以随到随买。从这个例子和观点来看，生活中我们应该尽量避免提前做出承诺。

同理，如果预约，也可以获得一些其他的补偿以抵消损失。比如预约餐位，在餐厅爆满时就可以不必等待，这就是预约带来的补偿。但是，在自己的行动以及其他人的行动都会决定相互间利害关系的策略性环境中，承诺的作用就变得更为复杂和微妙了。

策略性环境与承诺

首先请注意，在策略性环境里，承诺并不总是对自己有利。猜拳时没人会承诺自己出什么。棒球比赛中投手也不会告诉击球员下一次要发什么样的球。那究竟在什么情况下，事先承诺自己的行动才会对自己有利呢？

来看一个例子。假设你在路上骑着车，对面也有辆自行车骑过来。路很窄，直接骑过去两人就会相撞。这时最好就要立刻决定方向，靠左或是靠右。假如你靠左，对方见状就会做出判断靠右，以避免相撞。如果犹豫不决一直往前骑，大家都不知道对方往哪个方向拐，最后就很有可能相撞。这种情况下早做选择，给对方承诺自己向左还是向右才是最好的策略。

只要自己首先承诺自己的行动，对方也就自然而然地根据你的行动做出他的选择。**为了使对方最好的选择也符合你的偏好，关键就在于进行准确的预判，并承诺自己的行动**。换句话说，要想让对方针对我方行动所做出的对策对我方也有利，那么我们就要承诺自己的行动。

记得某电视剧有这样一幕：某男跟某女说“我只爱你一个人”，并把记有其他女性朋友联系方式的电话本烧掉。这个“我只爱你一个人”的承诺就是一个比较高超的策略，他以这个方式让本来犹豫不决的她认为他愿意为她放弃所有，所以选他是对的，从而赢得美人心。不过，烧电话本已经是很老套的事情了，现在都是直接从手机里删除联系方式，或者是换新的手机号码以表忠心。在结婚之前，男方赠与女方的订婚戒指也可以说是一个很典型的承诺的例子。

有的时候，自己的对手、敌人往往就是自己本身，自己要了解、预测自己，对自己进行承诺并且想尽办法保证自己的承诺能够实现。一个减肥的人，自己也就不要在冰箱里放蛋糕了。因为你是在跟将来一个抵不住蛋糕诱惑的自己做承诺，不要单纯地相信自己在任何时候都会保持理性。有冲动购买欲的人身上也不应该带着信用卡，想戒酒的人酒瘾上来时多喝水灌饱肚子能有效控制酒瘾。不管怎样，要时刻提防自己，虽然在承诺时很理性、态度很坚决，但是热情过去，在将来某个时刻就会把自己的承诺击得粉碎。

但是，以上只是其中一种情形，在猜拳时承诺出石头，只会有利于对手，对自己是百害而无一益，所以承诺对手自己会做什么是下下策。棒球投手也一样，跟击球员承诺自己投什么球，对手肯定就能轻易击中。

因此，承诺能否成为有效的策略，取决于当事人所处的环境。

商品的买卖

很多经济现象都可以用承诺来解释。最简单的例子就是商品的买卖。

首先考虑买卖双方一对一的情况。卖方摆摊叫卖，而且少一分钱都不行，这种做法在经济学上是合理的。也就是说，卖方的这种叫卖就是在向买方承诺自己绝对不会再降价。买家说只要低于 1 000 日元就可以购买，而此时卖家如果坚决说低于 900 日元就不卖，这时买家应该会以 900 日元买下。因为卖家已经设定了低于900日元不卖的前提，买家最好的结果就是以900日元买下。但是，如果让对方看出自己的不坚定性，那么对方就难以判断最低价在哪里，以为还有很大的降价空间。

对买方来讲也一样。耶路撒冷的旧街市上有许多土特产店，人流熙熙攘攘。去这些特产店买东西时绝对不能他说多少价那就出多少价。要尽可能地让对方知道你是不砍价不罢休的人：讲出自己能接受的最高价位，摆出一副不降价就走人的架势。

像这种叫卖的商店、土特产店的例子身边有很多。比如冬天衣服打折，说什么最后打折甩卖，这也是在承诺不会再降价。超市在关门时生鲜食物都会打折，而高级食品店则不会打折。这些食品卖不了扔掉的确可惜，但却反映了店家对价格的承诺。一般所谓的那些高端品牌，即使设计已经过时也不会打折销售，而是以某种方式处理掉。只有这样，才能向大家表明态度，承诺自己不会打折销售，让消费者相信自己的决心，最后消费者也就知道这个品牌就是这么个价钱，要买就必须支付高价。

通过代理人来销售商品的方式，其实也是价格承诺的一种表现。如果我是蔬菜店老板，面对那些身经百战的砍价老太太们，肯定招架不住。但是，我雇用一个兼职的人来帮我卖菜，结果就会不一样。兼职的人因为迫于权限问题，在降价上肯定难以妥协。最后老太太没办法，估计也就向我们妥协了。超市、百货店里砍价的人少也是因为承诺发挥了作用。

可以信赖的承诺

要想承诺能充分发挥策略性效果，就要保证这个承诺是值得

信赖的。如果对方不相信你，就算你掏心掏肺地承诺某个行动，人家的行动也不一定会按你想的那样进行。

在前面所举的预约的例子中，有的人虽然预约了，但是因为有其他重要的事情可能就取消预约了。对于某个餐厅，如果是第一次来预约的客人，他们可能不太相信这个客人一定会来，所以，虽然客人预约好了某个桌子，他们也没充分做好准备，于是等客人准时来到餐厅，服务员才手忙脚乱地给客人找座位。难怪很多客人看到这个情况就会火冒三丈。骑车的人为了避免跟对方相撞，就要选择承诺自己往哪一边拐。当然，如果赶上对方是个酒鬼，骑着车子左右摇晃的话，这招就不灵了。

有的人下决心减肥，于是自己对自己发誓以后再也不吃蛋糕，这也可以当做承诺的一个例子。但问题是，这个承诺其实并不是一个可以信赖的承诺。同样，有的人承诺不再冲动购物、不再喝酒等，其可信赖度也是很低的。

在那种经常打折的商店，他们很难做到以固定价格出售商品。因为大家都不相信你会维持固定价格，所以消费者更愿意去等待你的打折降价。

如果你愿意给你的老公或老婆一年支付 1 000 万日元奖金，让其承担所有的家务，我相信对方虽然会接受，但是，这个承诺根本就不可信，所以其效果也就不存在。对于家务，夫妻双方还是得各自相应承担一些。

那么，怎样的承诺才是值得信赖的呢？**一个值得信赖的承诺，必须是在对方看来这个行动我们一定会忠实执行的承诺。**因此，要使得承诺可信，必须保证所承诺的行动有动机，或者说，承诺人不可能去做出违反承诺的行动，否则将给自己带来巨大的损失。

约会定地点就是承诺的一个例子。假设与一个朋友见面的地点约在涩谷车站，这就意味着对方肯定会在这个地点出现。这个承诺的可信度非常高，因为对方既然说了在涩谷见面，那他不可能在新宿车站出现，这对他没有一点好处。也就是说，对方只有遵守最初承诺的行动，对他本人来讲才是最好的，这就是可信赖的承诺。但是，相对于地点，具体的见面时间的承诺，却并不一定是可以信赖的。对方如果准时到达，而自己迟到 15 分钟出现，对自己来讲，就避免了等待别人。

前面所讲的烧电话本、换手机号码的做法，也是男方向女方做出的一个可信赖的承诺。关键点就在于，因为烧了电话本、换了手机号就无法使自己做出违反承诺的行动。结婚其实也就是一种当事人之间相互承诺在未来婚姻生活中会永远幸福的形式。结婚时大办筵席、宴请亲朋好友，以及请来浩浩荡荡的车队迎娶新娘等隆重的结婚仪式，是一种提高信赖度的表现。我想说的是，千万不要取笑这些人以及这些做法，虽然有的人结婚排场的确过于奢侈，但这种结婚仪式还是有它的道理所在

> 的。在买结婚戒指时，戒指价格越高，违反承诺的代价就越高，这才能保证承诺的可信性。所以说，钱在什么时候都可以省，唯独在此时，是万万不能省的。

法律制度也是一种强化的承诺，具有高度的信赖性。通过法律制度规定或禁止某项行动，对公众来讲都是具有很高信赖性的承诺。比如，两辆相向而行的汽车在狭窄的道路相遇，对方的车向左开，我敢说这辆车一直会开在道路左侧而不是右侧，这个承诺可信的原因就在于日本规定车辆都要在道路左侧行驶。当然在美国则是道路右侧，也就没人敢承诺向左开。

谈判技巧

社会经济活动起于谈判也终于谈判。随着社会的发展和分工的形成，谈判在利益分配上是不可缺少的一个程序。谈判技巧具有很高的战略高度，要成为一个谈判好手需要掌握复杂的策略思考方法，但是基本的思考方法其实很容易理解。谈判的基本目的是，确定一次生意合作会产生多大的收益，然后谈判双方平分这些收益。当然，双方由于在谈判技巧上的差异，会导致利益分配略有差异，谈判技巧强的一方可能稍微分得多一些，但是基本还是均衡的。假设某个交易能带来 100 万日元的收益，那么双方得到的利益就是各 50 万日元。

比如，坐出租车从车站去某个地点需要花费 4 000 日元。现在有两个不认识的人拼车去同一个地方，出租车费平分。换句话说，从策略的角度看，两个人谈判的结果是，通过拼车两个人原本需要花费 8 000 日元的出租车费降到了 4 000 日元，产生的利润就是 4 000 日元。两个人平分这 4 000 日元的利润，每个人只需支付 2 000 日元出租车费。

有的人认为拼个车嘛？有必要这么麻烦把车费计算得这么清楚吗？稍微改变下这个例子，你就会看出效果。

> 假设两个人去的方向一样，只不过 A 去 A 地点，B 去 B 地点，但是 A 地点比 B 地点远。单独坐出租车去 A 地点需要 8 000 日元，去 B 地点需要 6 000 日元，经由 B 地点再去 A 地点需要 10 000 日元。这时，A 和 B 就来谈判如何来分担这笔出租车费用。如果 A 和 B 还对半付，很明显 B 是吃亏的。但从谈判的总收益考虑，结果就很清楚了。即拼车的话，两个人的总收益是 4 000 日元，也就是将两个人单独打车所需的总费用 14 000 日元减去拼车时的总车费 10 000 日元。这个总收益 4 000 日元对半分是 2 000 日元，再将 A、B 两个人单独打车时的费用减去 2 000 日元，就是两个人拼车时各自应该支付的费用。

跟以前相比，现在对违规的房屋进行强制性拆迁要容易很多。

但即便如此，对搬迁者一般也要支付 50 万～ 100 万日元的补偿性费用才能顺利让对方搬走。按道理说，原本是他们违规在先，现在让他们搬走还得赔偿他们，实在是有些不合理，但是这个事情从策略的角度来看就一目了然。因为如果不给这么一笔拆迁补偿费，很可能就会导致拆迁组跟屋主的谈判失败。这样，就需要通过法院来解决这个问题。而通过法院得到的合法、强制的拆迁也需要支付屋主的搬迁费。如果跟搬迁者谈判就能把事情搞定，很明显拆迁组就赚了。强制性拆迁涉及很多费用，算起来总共需要大约 100 万～ 200 万日元。所以，在拆迁费谈判上，拆迁组本着节约费用的打算，其底线就是能够和屋主对半分强制拆迁的费用，这样算下来就是 50 万～ 100 万日元，这个数字是非常合理的。

现在回到拼车的那个例子，需要注意的是，拼车时每个人所支付的金额是 A、B 两人谈判失败后，A、B 分别打车需要支付的金额减去拼车时节省的金额。也就是说，如果每个人单独打车的费用降低，在拼车时负担的费用也会相应减少。

现在假设 A 对 B 说，我无须经过 B 地点，打车到 A 地跟你打车到 B 地点一样，都是 6 000 日元。那么两个人谈好拼车，10 000 日元的出租费双方均需支付 5 000 日元，而两个人分别打车的费用总和是 12 000 日元，这样拼车节省的费用就是 2 000 日元，对半分就是 1 000 日元。将 6 000 日元减去这 1 000 日元利润也就是 5 000 日元。

从这个例子我们可以看出，在谈判中，如何承诺自己单独做某件事情所需的费用是非常重要的。就像刚刚说的例子，刚刚是A跟B说，自己打车去A地跟B去B地一样，也需要花费6 000日元，这样拼车时就能平均分担出租费用。但是，如果A、B两个人都知道直接去A地的出租费用，那么即使A说出租车费只需要6 000日元，这么承诺也是不可信的，B肯定会要求A按照8 000日元的情况下来承担拼车时所需支付的费用。所以，我们可以明白，除非万不得已，在谈判面临破裂时，我们要尽可能地做出对自己有利、并且让对方信赖的承诺，这在谈判中非常重要。

在价格谈判时，以其他卖家这个价格可以出售为由要求卖家降价，比简单地要求卖家降价更有效果。即使对方不给你降价，至少也可以让对方相信，你不会再以高于这个价格的金额去购买，这也就是利用了客观第三方的效果。在长期经济不景气时，求职跳槽者考取各种证书，目的是为了提高自己的市场价值，其实这也是为了将来同雇主谈判时对自己更有利，即使谈不拢，自己的能力在客观上也依旧存在。

一个可能导致谈判决裂的承诺，其实是一个能推进谈判朝有利于我方发展的策略性行动，而不是故意推动谈判破裂。从前面出租车的例子也可以看出，在面临谈判破裂时的行动恰恰也就是扭转时机、增加我方谈判收益的开始。这个开始，就是对自己有利的，而至于要做多少让步，就取决于谈判的结果。在谈判破裂之际要先发制人，就要知道自己要做什么，并做出在谈判中有利于自己的承诺。

讨价还价的时机

承诺的可信度取决于谈判过程，所以何时展开谈判是推动谈判朝我方有利方向发展的重要因素。

不知大家有没有遇到过打车时口头讲价不打表的出租车司机。我在日本还没遇到过这种事情，但是国外就有很多司机这么做。不知道是不是我看起来好糊弄，还是他们对日本游客都这样。反正，这种讨价还价当然也是有策略的。对出租车司机而言，谈判最不利的时候就是把乘客已经送到目的地的时候。因为没有打表，乘客要砍价，司机也没法承诺自己的最低价。所以，碰到这种情况，司机应该在乘客上车时就把车费确定好。

说个发生在伦敦的事情。原本我和朋友两人打算打车到车站，再坐电车赶往机场。上出租车后司机一听，就说："先生，既然你们两人要坐电车到机场，不如我收您 40 英镑直接送你们到机场怎么样？"他的理由是打车去车站需要花费 10 英镑，两个人再从车站坐电车去机场还要近 30 英镑，加起来也得花 40 英镑。这样还不如直接打车去机场，既快又舒服。的确，我们也知道坐电车去机场大概是 30 英镑，于是我们接受了他的建议，打车直奔机场。这位司机的敏锐之处，就是看准我们到机场横竖要花 40 英镑，于是就承诺最低的出租费是 40 英镑，并且在开车出发前开出这个差不多的价格。

再说发生在东南亚某城市的一件事。我拦下一辆出租车去酒店。出租车司机听到我要去的酒店后，也不打计价表直接就开车过去了。到了酒店后，司机跟我要 1 000 日元左右的出租费。我说计价表让我看看吧，他却撒谎说表坏了之类的，我说那我没办法给你付钱了，之后就立刻下车离开。这倒不是因为不愿付这 1 000 元钱，只是我既然写了这本书，我怎么也得对得起这本书的内容、对得起我的理论，哪能让司机说付多少我就给多少呢。读者们以后遇到这种情况时，建议也不要司机说多少就给多少，这钱还不如捐给国际儿童基金会。当然，为了安全起见，你要保证你已经到了酒店门口，这时如果出租车司机勒索你，并且要动手什么的，你可以呼喊酒店的保安，自己要有这种预测风险的策略性意识。要是去荒郊野外、人烟稀少的地方旅游又碰到这样的司机，那么还是乖乖付了比较稳妥，以免遭受不测。所谓君子不立危墙之下嘛。

在日本，有的行业势力强大，就出现了供应商都是先交货后谈价格的怪现象。货物都已经交了，供应商在价格谈判中处于劣势地位，被砍价也是在所难免。所以，对于一些无法转卖给其他客户的特殊货物，出货之前就必须和客户先谈好价格并签订合同。不过话说回来，我跟出版社之间倒也没有签订合同就开始撰写这本书，所以只能感叹行业的一些习惯规则确实很恐怖，很有霸王条款的味道。

2002 年世界杯中，喀麦隆队因为薪金问题未能准时出现在日本赛场。喀麦隆队虽然广受期待，但结果小组赛便遭淘汰。当然淘汰的原因可能跟匆忙赶到日本赛场有关。据说，喀麦隆队没能准时到达日本赛场的原因是，球员因薪金问题与足协产生矛盾而在巴黎多耽搁了两天。对球队来讲，谈判最不利的时候就是比赛完之后，所以在出发之前谈薪金是正确的策略。

利用第三方进行承诺

很多情况下通过利用第三方，可能使承诺更值得信赖。前面提到的代理店，以及雇用一个经纪人、代理人（兼职打工者）替自己卖蔬菜就是这样一个例子。作为店主，很容易让消费者看穿因货物积压而忧心的烦恼，在消费者的攻击下，很容易就妥协降价卖出。也就是说，你承诺不会降价，消费者是不会相信的。但是，通过雇用代理人的方式，就能让消费者相信我方不会降价的承诺，因为代理人在没有得到店主授权的前提下，没有降价的权限。有些人认为，明星、运动员等通过经纪人、代理人的方式来对薪金和片酬进行谈判比本人直接参与谈判要好，是因为经纪人、代理人擅长谈判。其实不然，通过前面的例子可知，是因为代理人在承诺价格上更为坚定，光凭这一点就能将谈判变得有利于自己。正是因为有代理人，他们才能获得坚守自己价格承诺的强大谈判能力。一旦卷入某个争议中，与其自己在激动情绪中去交涉，还不如委托第三方，因为不管是从冷静的角度，还是妥协性方面，第三方在承诺上肯定更为坚定。

现在整个世界都知道日本政坛的政治决断速度是很慢的，很多情况都是在美国、欧盟的外压下才进行。但是从承诺这个策略性角度考虑，完全可以利用这种绝佳的外压来平息国内的不满。比如，对于某个政策，民众都极其不满，又不敢通过投票来决定，这时，就可以把美国拉进来，说因为美国施加的巨大压力不得不做，这样，政府遭受的民众谴责也就得以缓解。所以，对于那些民众极其反对的政策，政府要通过的确很难，但是利用这种外来的压力，政策最后也有可能得以通过。

年金制度和不良债权问题差不多就是这种例子。尽管政府宣布进行年金制度改革，但是过去所做的改革都只不过是在表面动动皮毛，这使得政府的承诺完全无法信赖。因此，大家也就对年金改革不抱有希望，拒绝缴纳年金储蓄的年轻人不断增加，导致年金改革举步维艰，陷入恶性循环。不良债权问题也是一样，寡头银行和政府之间多次承诺会结束这个问题，但是每次都食言，所以最后大家都不相信政府能处理得了这个问题。最终导致金融市场不信任感蔓延，问题更加恶化。无论如何，政府的承诺要让人信任，就要在 G7 会谈中发表联合声明时，拿出解决问题的具体行动方案。

自我承诺的方法

给自己建立计划和目标，其实就是把将来的自己看做是对手，然后策略性地承诺自己的行动。自己能否忠实地执行自己的计划和目标，也反映了自己在意志力上的强弱。也就是说，意志力越强的人，那么他对未来所做的承诺就越值得信赖。不管意志力强弱，任何人都能为自己制订计划、承诺未来的行动，只不过意志力的强弱反映的是承诺值得信赖的程度。

所以，如果想加强自己对自己承诺的可信度，就要使自己的意志力变强。可惜的是，这个世界上意志坚定的人并不多，所以必须要通过第三方来增强承诺的可信度，这就需要花费金钱。比如，断食道场[①] 的出现，就是因为现在有很多人特意花钱来强化自己减肥的承诺。还有人去参加英语口语培训等，都说明大家为了保证自己对自己的承诺，而不得不花钱来进行强化。

2001 年 5 月，我在接这本书稿的撰写委托时，目标是在当年夏天写好，之后又改成了 11 月、2002 年的 3 月，总之完稿日期早已超过之前所定的期限。对我来讲，既然要写这本书，就可

① 就是绝食道场的意思，这是日本流行的一种通过在一段时间内绝食的方法来达到治病、减肥目的的场所。——译者注

以在自己的主页上公开自己完稿的目标和决心，以提高承诺的可信度。无奈只是在网上公开信息还不足以提高承诺的可信度。不过，如果出版社能让我住在五星级酒店，每天提供三餐外加红酒，让我在舒适幽静的屋子里写东西，说不定我这个懒散的人就会因为承受不起这个待遇，承诺的强度立刻增加，花不了多长时间就能把稿子赶出来。

如何让别人做出承诺

到目前为止，我们所讲的内容都是在讨论自己率先做出承诺，以达到改变策略性环境的目的。跟猜拳一样，自己做出承诺，有时在策略上会陷入不利的境地。换句话说，如果能让对方做出承诺的话，就能使事情朝着有利于我方的方向发展。如果你能让对方承诺出“石头”，那毫无疑问，我只要出“布”就能轻松取胜。问题是，手长在人家身上，出什么拳是人家的自由，对方不可能承诺一个使自己陷入不利境地的事情。

在采取策略性行动时，你所期望的行动如果不能与对方的利益一致，就无法指望对方能自发采取你所期望的行动。**如果想要某个行动符合自己的利益，那么只需给予一个足够的动机使对方做出承诺就可以解决。**总之，被承诺的一方，通过给承诺的一方支付一个等价的交换，就能使这个承诺达成。在现实经济生活中，契约、合同等形式的文件就具有这样的作用。用经济学语言来讲，契约就是一个承诺，以及维持该承诺而相互事先约定好的动机结构。

现实中有很多这样的例子，比如，如果双方长期合作，那么价格就能降低下来。所谓长期合作关系，就是买方承诺在未来也将会继续购买该商品，而这个折扣就是卖方支付给买方使其兑现长期购买承诺的一个补偿。

大型超市通过与农户签订专供契约，保证自己能够以便宜的价格采购新鲜蔬菜就是其中一例。蔬菜价格打折的这一部分，就是农户给超市承诺购买的一个补偿。同时，农户能够从超市的这个承诺中保证自己的农作物在丰收时，蔬菜价格不会下跌。

像这种通过缔结长期契约以获取打折的例子我们身边有很多。比如，有很多俱乐部，新会员在入会时一次性缴纳长期会费，价格就能降低，这个折扣部分就是对俱乐部长期会员的一个补偿。

一般情况下，预约出租车来指定地点是需要额外支付费用的。因为，如果你预约出租车，而出租车一旦承诺在某个时间去某个指定地点，他就会因此失去搭载其他乘客的机会而产生额外成本和费用。这部分费用比从预约客户那里所赚取的出租车费要高，所以预约的客户也就必须支付额外的出租费用，否则就无法预约到车子。当然，甚至还有人说这就是规则中的一种奖励。

信赖的维持与承诺

建立相互信赖关系需要一个长期的过程。相互信赖的关系一旦建立，也就更容易让对方相信我们的承诺。换句话说，我们之所以偏好于建立长期信赖关系，就是因为在这种信赖关系中，策略性承诺更容易得到实现。任何人都希望外界将自己评价为一个值得信赖的人，这个想法其实有策略性的意味在里面。

只有遵守约定，才能保证承诺的可信度。特别是小孩子，对承诺的可信度比较敏感。所以跟小孩子的约定，不管事情大小无论如何都要遵守。一个非常重视信用的人，绝对不会轻易承诺自己做不到的事情。

中国春秋战国时期的霸主齐桓公跟鲁国打仗，胜利后展开议和。不料，就在双方签协议的时候，鲁国将军曹沫忽然拿出匕首来劫持齐桓公，要求齐国归还侵占的所有鲁国的土地。齐桓公无奈只好答应。事后齐桓公极为不满，准备杀了曹沫，撕毁合约再次攻打鲁国。当时齐国的宰相管仲就进谏说："齐鲁合约虽然让人不满，但是如果我们这次毁约，事情传开以后就没有人会跟我齐国议和了。"齐桓公听后认为有理，便遵守了自己的诺言。还有个故事，就是当时的燕国遭受山戎的攻击，燕王向齐国求救，齐国就出兵帮助燕国击退了山戎。齐军回国时，燕王为了感谢齐国，出来送行，不料一直送过了齐国的国境。管仲就说，自古以来只有天子才能送出国境。齐桓公听后，立即将燕王过界的这段土地送给了燕王，以做新的国境。无论齐桓公的动机如何，但是这个故事一直被世人作为信守承诺的典范，世代称颂。这就是中国古代的一位国王遵守承诺的故事。

在法律中，如果按照法院裁决而进行判决的条款过多，就很容易降低法律中所规定条款的可信度。然而法律规定成千上万，无法对每一样东西都规定得清清楚楚，因此大部分法律都只是规定了粗略条款，然后根据每次裁决再做修正。这种做法虽切合实际，但是从承诺的效果来看并不实际。

日本《邮政事业法》规定：书信收发业务只归国有。但因为法律中又没有准确定义“书信”的概念，所以这条法律规定就会有不同的解释，导致旧邮政省[①]和民间速递公司长期处于对立状态。自从以邮政改革作为毕生事业的小泉纯一郎首相发出重审“书信”定义的指示以来，《书信法案》在日本朝野引起强烈争论。一直伺机介入邮政事业的大和运输公司在2002年4月26日公开表态，阐明自己的见解，指出如果《书信法案》中提到的民营企业参与邮政的一举一动都要经过总务省的批准认可，那就谈不上邮政民营化，法案只不过是民营企业受官方控制的一部“《民间官业化法案》”而已。大和运输公司在结论部分说：“要么明文

① 邮政省是日本的旧行政机构之一，省是日本的行政单位，相当于我国国务院下属的各部委。2001年日本将原有的1府22省改编为1府12省厅，邮政省、总务厅、自治省合并为总务省。——译者注

规定“书信”的范畴，并且让所有人都能接受；要么就撤销这一“书信”的概念，使得所有人都能够自由参与，促进公平竞争，从而为客户提供更好的服务。”也就是说，如果现在不确定，往后还能随意对“书信”这一概念做出定义，那么其他公司就算花再大成本也都无法参与到这个行业中来。换句话说，如果政府想要防止其他人参与竞争，还不如颁布一部法律，规定“书信”一词的概念以后还可以进行重新定义，这样只要想阻止其他公司进入该行业，就可以通过修改定义的方式完全将竞争对手拒之门外。

企业在涉足新领域时所花费的成本是非常大的，如果政府朝令夕改，不能承诺坚持某个政策规定在一定时期内不变，那企业投资的项目很可能中途会因政策的变更蒙受巨大损失，这样就会导致参与新领域、新事业以及进行研究开发的动机大大降低，最后对整个经济都将产生不利影响。

专利制度是给予产品发明人独自享有该产品销售权利的一种制度。粗略一看，这种制度是在保护垄断，排斥竞争，但是如果不能确保发明人的独享利益，也就无法激发大家进行发明创造的动机。发泡酒[①] 的诞生就是钻了酒税法的漏洞，从而销量得以

---

① 发泡酒实际上也是一种啤酒，喝起来与普通啤酒几乎没有区别。日本的酒税法规定，只有麦芽比率在66.7%以上，且不使用大米、玉米等材料以外的原料制成的才算啤酒，其他都是发泡酒。但是发泡酒税比啤酒税低约30%左右。——译者注

飙升。是否对发泡酒提高税率的争论目前还在持续中，但是，如果更改法律规则而对成功者加以处罚，仅凭这点就会丧失民众对政府承诺的信赖度，也会大大降低创业者因有了新的发明而打算创业的欲望和动机。

现在，机关单位、政府单位等公务员工作，都被批判成墨守成规、毫无变通、毫无效率。的确，他们那种为民服务的意识现在已经非常淡薄，原因就是促使他们为民服务的动机很低。但是，“墨守成规”这个“规”，也是很重要的，也就是说既然有规定，就要遵守。如果要求政府是一个懂得“变通”的政府，那就意味着政府可以随时放弃策略性承诺的效果，只要一遇到不顺和麻烦，就可以漠视规定，随意进行更改。

承诺的失败与套牢

为了有效使用限制自我行动的策略性承诺，必须要预测对手未来的行动。但是，我们并不能时时刻刻都做到完美的预测，而且未来也总是伴有很多无法预见的环境变化所带来的风险。因此，在预测的精度上自然也应该有个限度。本来觉得没问题而承诺好的事情，而后因无法兑现产生的后悔现象，我们将这种情况称为套牢。

有关套牢的例子很多。就拿买东西来说，从策略的角度来讲，买东西就是自己承诺要使用它，没买的话，就意味着承诺的破裂，这也是一种套牢问题。住房的选择、学校的选择以及商业伙伴和人生伴侣的选择等，这些都是自己必须要做的承诺，我们就处在这样一个充满承诺的环境当中。而这些套牢的内容，我在此就不做具体的描述了，读者肯定也能想到很多。总之，人充满着套牢的可能性。

你不可不知的博弈论名词

戦略的思考の技術

套牢：是指本来觉得没问题而承诺好的事情，而后因无法兑现产生的后悔现象，我们将这种情况称为套牢。

既然无法做到完美准确地预测未来，那就无法避免套牢问题。在策略性决策中重要的就是如何去面对这种套牢的可能性。承诺越弱，套牢时产生的损失就越小。比如在赶上打折时，买入许多蔬菜和水果，从省钱的角度看，这的确是不错。但是买了这么多水果，最后却吃不完而腐烂掉，这就是一个套牢的例子，尽管损失并不大。有的读者花钱买了这本书，但是看完后发现这本书并没有预想的好而开始后悔，拿到收废纸的地方去卖却也能卖几个钱。总之，这个套牢的损失也算小的。

而套牢成为大问题时，就是在做出承诺必须承担无法回收的巨额成本。比如，到底是买家具好呢，还是跟家具租赁公司租用家具好呢？如果租用家具，套牢问题发生的概率就比较低。对家具不满意，或者是事情有变化需要搬家等，这个时候只要同家具租赁公司解除合约即可。但是如果自己购买家具，套牢的可能性就很高。虽然转卖家具能回收一部分成本，但跟当初全额买进家具的价格差很远。我们前面所讲到的一个人一生中所做的某个巨大承诺，也存在套牢的风险，原因就在于收回这个承诺的费用非常高。

对特殊物品不承诺长期使用，是避免套牢可能性的一种技巧。比如买家具，如果买进的家具是比较特殊专用的东西，转卖是很困难的。这种无法回收的承诺费用太大，导致套牢时的损失也增加。企业实行减产经营，尽量不增加资产而是通过租赁的方式来经营企业的策略性背景，就是考虑到此举能减少套牢的可能性。一个企业如果只有一个供应商和一个客户，套牢的可能性就很大。产品的成本如果不能从其他公司回收，初期承诺的投资费用就很难收回。在这种情况下，一旦这唯一的供应商、客户改变方针，要求重新谈判交货条件，那企业也不得不接受。

可以思考下，既然套牢问题是因为对未来预测不全面所产生的，那么只要多收集信息就能有效地解除套牢问题。在预测准确的情况下，承诺能发挥很大的作用，但是在未来不确定、预测不准的情况下就应该避免承诺。男女之间应该通过同居等方式来不断地考察对方究竟适不适合自己，即通过这些方式来收集对方的信息。如果不这么做，而是突然就决定结婚，这种情况下的婚姻承诺有着很大的套牢风险，所以，这种闪婚行为绝对是一种极为不明智的做法。然而，如果对方的信息搜集到了一定程度，也能差不多做出准确的预测，但是承诺结婚的迹象却迟迟不来，这就说明对方认为做这个结婚的承诺价值很低。如果是这样，就应该趁早分手。

套牢问题，也可以指在承诺时所需花费的策略性费用。在承诺时，应该考察套牢的可能性，然后再做出适当强度的承诺。而不是说因存在套牢问题就否定承诺的策略意义和作用。制造特殊专用的产品的确使得套牢的可能性增大，但也正是因为我们承诺制造其他人无法制造的产品，才能更好地反映出我们产品的市场价值。套牢问题的危险性虽然存在，但是，就比如结婚，其实也没有想的那么恐怖。

手机

我上大学的时候是20世纪80年代那会儿，可以说是几乎没有哪个学生有手机的。或许现在的学生很难去想象，在那样的时代，大家都是怎么度过自己的学生时代的。现在的学生哪怕缩衣节食、勒紧裤腰带也会买一部属于自己的手机。

但是，现在有手机了，麻烦也随之产生了，比如课堂上有的手机就突然响了起来。我本来正讲得兴起，结果突然就传来一阵手机铃声，这种感觉是非常不愉快的。于是我就问其他老师在上课时遇到这种情况会怎么处理。居然还有老师说这没什么，不必太在意，就当没发生，自己讲自己的课。所以，一般老师遇到这种情况，也根本不清楚到底应该怎么去处理。而我在遇到这种情况时，只要听见手机铃声，根本不会听学生解释，立刻勒令他马上出去。如果自己不做出让对方立刻退场的承诺，将来也就无法制止课堂上再次出现手机响铃的事情，这就是承诺的信赖度，我必须要坚持这一点。

可能是因为我做的比较绝，长期下来我的课堂上几乎就听不到手机铃声。但是，这也并不意味着他们都在认真听我讲课，有可能他们变换了手法，将手机调成静音，以短信方式保持联系也说不定。实际上，我在讲台上也确实看到很多学生的确是在不停地发短信。但是，想想自己在上学时，不也经常在课堂上传纸条，只不过时代变了，传纸条变成了发短信。所以，现在我在上课时也就没有针对谁说不许发短信，都由他们去。其实，这也能反映出，自己讲的课在他们看来是比较枯燥的。

第6章 锁定

习惯养成终难改

在改变一个行动需要花费很大成本的时候，即使不给对方具体的利益动机，也能让对方承诺做出对自己有利的行动。一旦让对方养成了习惯的行动，当对方考虑到改变习惯要花费成本时，他就会放弃改变这个习惯，这样就导致他改变该行动的动机减小。改变某个习惯性行动所需的成本费用称为转换成本，通过利用转换成本使得对方不会改变该行动而一直保持对我方有利的行动策略称为锁定策略。锁定策略就是对方的行动难以改变而陷入一种囚徒困境的状态。

你不可不知的博弈论名词

锁定策略：通过利用转换成本使得对方不会改变该行动而一直保持对我方有利的行动策略，称为锁定策略。

会员制就是一种通过发展会员而销售商品和提供服务的锁定

策略。成为会员需要缴纳入会费以及月度会费和年度会费。一旦失去会员的资格而重新入会，又需要重新缴纳入会费，而这部分费用就是转换成本。航空公司的航程累计大酬宾计划，就是鼓励大家经常乘坐该航空公司的飞机，乘客以此来积累积分，从而换取航空公司提供的其他服务。这样，只要乘客选择了某家航空公司，他就会为了积攒更多积分而放弃选择其他航空公司。对于新加入该航程累计大酬宾计划的会员，航空公司给予一个所谓的“航程奖励”来增加他们的积分，使得他们选择去其他航空公司的转换成本增大，从而强化了锁定策略。

比如某个已经用习惯的产品，客户要想换用其他产品是比较困难的。也就是说，由于习惯性产品中的转换成本很高，从而使得锁定策略更有效。百货店里化妆品专柜免费发放的试用化妆品，以及新开张的拉面馆半价促销他们的主打菜等，这些都是锁定策略的例子。不管怎样，先把这些客户拉过来，再以老客户的待遇留住他们，充分发挥锁定策略的作用。如果他们此后想要转投其他店的话，就会产生转换成本，面临丧失现有的优惠环境的局面。

日本 AU 手机有针对学生用的特价手机。如果用了这个手机而想要换其他公司的手机，就必须连手机号都要更换。换了新手机号，就得通知周围的人，需要花费不少时间和精力，也就会产生所谓的转换成本。所以说，学生特价手机就是手机公司通过打折，鼓励学生使用自己公司的手机，使得他们更换手机时会产生转换成本的一个锁定策略。不仅如此，手机公司对新加入的手机用户也进行打折，同时也将这种折扣优惠推向该用户所在的家庭，从而把整个家庭的人都拉进来，目的就是通过利用转换成本来实施把整个家庭"一网打尽"的锁定策略。要成功实施这种锁定策略，那么对于那些已经入网的用户，如果他们又解约，重新以新用户的身份购买低价手机，并且又想换回旧号码的做法，必须对其征收高额费用。从这个角度考虑，也就不难理解为什么更改手机号码的手续费很高。长期使用同一个号码的用户话费折扣很大时，解约成本也会很大。

也有电脑软件以所谓的"学生价"专门针对在校学生，以学生优惠价格将该软件出售给他们。大家都知道，一个软件一旦用习惯后，要改用其他软件是比较难的。这种锁定战略很高明，目标就是针对那些刚开始使用电脑的年龄层。这个"学生价"同时对大学的教师也有效。当然这并不是说企业这么做是为了支持国家的教育事业，根本原因在于如果大学教师习惯用该软件，那么在课堂上使用该软件授课的可能性就大，从而又带动其学生使用该软件，将其学生也笼络到锁定策略中来。

现在很多人批评微软的操作系统存在很多缺点，其性能并不比其竞争对手的操作系统好。但是，无奈微软的操作系统在全球占有压倒性的绝对份额，没有任何一家公司能撼动。这完全得益于微软公司从MS-DOS系统开始，就一直给计算机制造商低价提供操作系统的策略，从而使得许多用户均被锁定。

离婚是一件非常伤脑筋费精力的事情，转换成本很高，所以很多人最后还是锁定在了既定的婚姻当中。有小孩的情况下，转换成本更大，所以想结婚的人在结婚后立刻就生小孩以达到锁定的目的，这种做法古今中外都无例外。不管是同自己的恋人发生某种关系，还是在房间里常备自己的衣服，都是为了提高自己的另一半企图对第三者发生兴趣的转换成本。但是有时就算锁定策略成功了，其结果也不一定全是自己想看到的。这种锁定策略往往也提高了自己的转换成本，所以运用时必须多加注意。

偶然性锁定

锁定并不一定就是因为某人的策略，或者是有目的的行为才会产生。我们的习惯、规矩中有很多锁定现象就是因为历史上的一个意外而产生的。在制定商品的服务标准时，应该有相应的理由作为支持，但是，随着时间的发展，即使当这种理由不存在了，即使再去改变这个标准，但转换成本却非常大，锁定也就产生了。

日本铁路公司建设的旧铁路的铁轨宽度，相对于欧美的标准轨道要窄一些。据说日本铁路采用这种窄轨道，是因为当时明治时代引进的是英国的铁道技术。不管真正原因是什么，反正后来随着铁路高速化发展，以及铁路建设用地批准的日益困难，肯定需要将早期的铁路拓宽，纳入到标准轨道上来，才能促进日本的铁路事业发展。但是，后来发现如果在全国范围内对铁轨轨宽进行更改，其费用非常庞大，以至于更改既存的铁轨标准根本就不现实。所以日本就保留了旧的铁轨，在重新独立铺设新的铁路干线时，才采用标准轨。

电脑键盘的字母排列问题，也是一个很著名的例子。本来这个键盘是专为英语输入设计的，但是我们发现在输入日语时，有的指头根本就是闲着。即使是输入英文时，其效率也并不是最好的，但是现在也没有哪个人去设计一种更有效率的键盘。其实，键盘字母排列继承自打字机的习惯。打字机字母的排列最初的确是按照 ABCD 的顺序排列。旧式的打字机工作原理，跟钢琴的结构差不多，都是通过按键驱动一根长杆，长杆上带着一个字锤，字锤隔着色带敲击在纸上，从而留下深色的字母印，像是在纸上盖章一样。但是，人们很快发现，当打字员打字速度稍快一些的时候，相邻两个字母的长杆和字锤可能会卡在一起，从而发生“卡键”的故障。所以，旧式打字机为了保证能顺畅地打出字，就必须要保证有一定的打字间隔。正是因为如此，键盘字母的排列设计最初的目的，其实并不是为了加快打字速度，而是打乱正常布局，防止打字过快。比如，使用频率很高的字母 A，按道理应该放在手指更为灵活的右手输入区域，现在却放在左手的小拇指区域内。还有使用频率较高的字母D和E，也是放在左手中指的输入范围。当然，现在的电脑已经不需要担心这种卡壳现象，但是现在的键盘布局已经为大众所习惯，要学习新的更有效率的键盘布局输入法，会产生很大的转换成本，所以可以说现在的键盘布局已经将电脑使用者锁定了。

随着时代的变化，这种锁定的转换成本也会发生变化。日本民用交流电的频率，以富士山为界限，东侧是50赫兹，西侧则是60赫兹。这种局面的形成是日本差点沦为殖民地的不幸历史原因造成的。所以，当时由于存在家用电器频率差异的现象，富士山东西两侧的居民要跨山搬家的话，那简直就是一件大事。当然，现在不用担心了，因为家用电器已经能够使用两种不同的频率。现在日本东西两侧电流频率统一的转换成本已经很小，将来很有可能统一。

大家都知道，人多的地方生意总是会好些。秋叶原有著名的电器街，聚集着诸多电器店，还有原宿的服装街时装店也在不断增加。这些地方之所以会有这么多店聚集，买的人多是一个原因，同时还有店多则人多的乘数效果。但是，为什么一开始是秋叶原、原宿等地方成为电器、时装的聚集地而不是其他地方呢？可能有一些必然的因素在里面，但是，更可能的情况是，一开始这两个地方只有几家店面，后来才慢慢形成口牌。一旦在这个地方打出了名号，再想要搬到其他地方去，就要花费很大的转换成本。所以说人气的聚集在最初的时机是非常重要的。

最近非常流行网上拍卖。目前日语网站中，雅虎日本上的拍卖用户具有压倒性的数量。其实，这也并不是雅虎上的拍卖系统非常优秀。实际上，在最初推行网上拍卖的美国本土，具有绝对优势的拍卖网站是 eBay。而雅虎拍卖除了在日本比较盛行之外，其交易量在其他国家并不多，而且在某些国家雅虎甚至放弃了其网上拍卖系统。雅虎拍卖系统在日本如此盛行，就是锁定效应的功劳。一个拍卖参加的人越多，买者能更容易买到想要的东西，卖者也能更容易卖出自己的商品，这就是参与者增加时的乘数效果。在日本网站数量相对较少的时期，雅虎是最早聚集了一批用户的网站，由于乘数效果，使用人数也就越来越多。

只是网络店铺的转换成本与秋叶原、原宿的那些店铺不同，网上店铺搬迁的转换成本根本不高，锁定效果也不明显。所以，雅虎拍卖以及网络商店乐天市场[①]的优势如果仅仅是从锁定效果来考察，那么优势其实并没有想象中的稳固。

锁定与信息

信息越是不灵通，偶然性锁定就越容易产生。对于在几个使

① 乐天市场为日本第一大网络购物公司，创立于 1997 年 5 月，以商店招商平台事业起家，目前参与店家已达 59 500 家，贩卖商品达 18 934 765 件，年营业额预估超过 2 500 亿日元。——译者注

用效果不明朗的事物中选择一种的情况，这种选择几乎是偶然的，不存在特殊的理由。但是一旦选择，并且使用习惯以后，对其效果等也就逐渐明了了。此时，如果另行选择其他事物，却又存在对新事物情况不了解的顾虑，贸然更改自己的行动存在着风险，最后改变自己行动的动机也就非常弱。

堵车，我相信很多人都经历过。如果正堵得烦躁不已的时候，突然发现前面的车向左拐并前进。很多人这个时候可能就以为那辆车装了导航系统，或者车主是本地人，知道有一条岔道可能通车，于是自己也左拐跟上去。这时，排在更后面的车主也抱着同样的想法也左拐跟上去。如果这个“带头大哥”真能把大家带出拥堵的路段，倒也不失为一个救世主。只是在这种情况下，带头左拐的车主往往只是由于自己一时的焦急，后面跟着的几辆车开着开着才发现事情不对劲，但是要想退回原来的路已经不可能了，最后就迷失在荒郊野外。

新开张的餐饮店都会通过各种方式拼命地招揽顾客，其策略性意义就是希望能招揽、锁定一批客户。所以，新开张的店面到处都在分发开店优惠券，这并不是偶然现象。尤其是那些排着队的店面门前，更能激起顾客想要尝尝看的欲望，这就与前面的盲目跟车而导致迷路的情况一样。所以，有些商店哪怕找“托儿”，也要尽可能地把顾客拉进店里，这在策略上是有效的。企业在给新产品做广告时注重质量和数量，其实也就是一种锁定策略的运用。

要评价这种因信息不足而带来的锁定效果很难。因为大家总是会去比较，如果不是跟风，而是一开始就自己采取自己的行动，可能就是另外一番景象。迷失在荒郊野外的车主可能会因为“带头大哥”的错误领导而发飙，但是谁也不知道如果一直就那么堵车堵下去又会是怎样一个结果，所以，也就很难判断锁定效果究竟会对自己产生多大的损失。

人与人的相逢是一件很奇妙的事情。“命运之绳连接着双方”这种说法虽然浪漫，但并不是一种策略性思考方式。假设每天都与一个陌生人成为朋友，那么10年间能成为朋友的人也不过4 000个。但是再稍微冷静思考下，在日本即使是同龄异性，也有将近100万人，所以偶然认识的朋友的确只能用“偶然”一词来形容了。因此，如果将“命运之绳”解释为在信息缺乏的情况下，更换朋友所需要的转换成本会比较合适。站在策略性的角度思考，正确的说法就是，自己与偶然相识的朋友一起“被命运之绳连接着”。所以，在芸芸众生中，每个人的结婚对象，其实就是一个巨大的历史偶然性的锁定。但是如果在选择性多的情况下，倒是可以做个比较，再来评价目前的婚姻选择，不过这种策略似乎不太受欢迎。但是，如果跟婚姻相关的信息的确足够多的话，那么转换成本就会降低，锁定效果也会减弱。当今社会不婚、离婚现象的增多，和现在社会的信息泛滥不无关系。

2000—2001 年发生在欧洲特别是英国的流行性口蹄疫，导致肉价飙升，这一事件至今很多人仍记忆犹新。口蹄疫曾经在 1914 年的北美流行过，据说正是因为那时口蹄疫的流行，才导致了现在汽车汽油发动机的产生。因为，当时的发动机是蒸汽发动机，为了防止口蹄疫的蔓延，连喂马的水桶都不准用了。水管在城市的普及受到影响，当时搭载蒸汽发动机的汽车无法获得给自己的车补给蒸汽动力所需的水源。这就促使大家都去研究开发不需要水来发动的汽油发动机。现在，当然是汽油发动机比蒸汽发动机在动力提供上更为优秀，但是，假如历史选择的是另外一个道路，蒸汽发动机的研究开发成为主流，或许人们已经开发出一种效率更高、更小巧化的蒸汽发动机了，而各个加油站所提供的服务就不仅仅是加油，还能加水。

饮食文化的锁定

每个人都很难更改自己的饮食习惯。

在伦敦经济大学的自助餐厅里，会摆放一个很好看的自动咖啡机。咖啡豆就放在机器的上面，按下按钮，机器就会自动地榨出咖啡来。仔细观察这个咖啡机，就会看见有一个按钮上写着即溶咖啡。本来这个机器能够自动地为我们榨出咖啡，为什么还要在这个机器上特意添加一个即溶咖啡的功能呢？这是因为在英国人中，有相当一部分人只喝得惯即溶咖啡，他们能很容易地喝出即溶咖啡与原味咖啡的味道和香气的不同。英国人的味觉，真是让人惊叹。

在美食之都的香港，很多人都爱吃面，可以说在工薪消费的食堂里有一半都是卖面食的店。点好餐后，厨师便熟练地煮起面，不消一会儿就能给你端出热腾腾的面来。在香港有很多店面卖龙虾馄饨面，非常美味。这些面馆，也有方便面出售。甚至还有的标注方便面乃是鼎鼎有名的“出前一丁”，可见日本品牌的方便面属于精品。点好面后，厨师便从面袋中取出放入钵中，再在面上放置佐料，之后迅速地舀起热汤注入钵中，一碗美味的方便面便大功告成了。但是，为什么顾客要在这些店面特意买方便面吃呢？这的确很难理解。可能因为香港人平时在家做饭时，一般都是煮方便面吃，很多人从小就是在这种环境中长大的，所以，这种习惯，使得他们即使去外面的面馆吃饭，也会点方便面。

第7章 信号传递

有效传递自己的想法

销售商品的最基本要求，就是向顾客推荐合适的商品。如果向男性顾客推荐女性穿的衣服，那肯定是竹篮打水一场空。大部分女性都喜欢听哪里有好看的钻石卖，哪里有漂亮的衣服卖等。你要跟她谈什么人气网游《最终幻想》（*Final Fantacy*）攻略什么的，她们都不会听。那些已经开始变得大腹便便的中年男性，对什么拉面、美食、聚会等慢慢地不再感兴趣。但若是向他们推荐哪里有美女教练的健身中心之类的东西，反而更能引起他们的兴趣。虽然我是尽可能地想做到让男女老少都去看我这本书，但是，对于小学生来讲，美丽的童话故事或许更适合他们。

所以，在销售中，要通过多观察对方的装扮和举止，摸透对方的需求，来找到更多的机会推销自己的产品。这种做法，也是我们在日常生活中经常遇见的。但是，某个人的性别、年龄以及气质反映出的兴趣爱好，其实已经存在了，所以，年龄和外在气质并不一定能成为策略性的推销手段。但是，如果能视情况而定，策略性地向对方发出信号，从而使自己的立场更加有利，这样的行动称为信号传递。日常生活中有很多这样的例子，但是，我们还必须通过策略性思考方式，去仔细分析信号传递的效果究竟是如何产生及表现出来的。

你不可不知的博弈论名词
戦略的思考の技術

信号传递：策略性地向对方发出信号，从而使自己的立场更加有利，这种行动称为信号传递。

信号有效的原因

在香港商业区有一座重庆大厦，这里挤满了经营各种东西的商店。这些商店会经常招揽客人，极其烦人。他们若是看见你像日本人，就会跟上来不断推销手表、钻石之类的，还有仿制的日本家用电器和盗版DVD软件等，反正都是些不能带入日本的违禁品。如果你稍微停下来，表现出丝毫的兴趣，那他们就会将十八般武艺全部使出，将你缠住让你买他们的东西。说什么买这个东西很值，东西跟日本国内的品质一模一样，但在日本要花上好几倍的价格之类的。总之，他们就是不断地向过往的人传递一个信号：买了你就赚了。

当然，一般情况下谁也不会买他的手表、钻石什么的，因为你无法判断他的东西是不是像他所说的那样好。再说，没有哪个人会说自己的东西不好，所谓“王婆卖瓜，自卖自夸”。你要是相信了那还真就是傻到家了。他们所宣传的买他的东西很值这句话，根本就不可信。

所以说，在有意识地传递信号时，并不意味着这个信号对谁都会有效果。用策略性思考的语言来讲，仅仅是卖家口头宣传自己的东西好，并不能证明他的东西就一定好，也就是说他的承诺其实并不可信。向对方传递信号的策略性原因，在于自己承诺某个行动，或者是让对方相信你自己很想采取某个行动。也就是说，作为一个卖家，你当然会保证、承诺自己的商品质量很好。

现在假设有一家公司开发出一款划时代的电器。这家公司经过多次试验，已经验证了该新产品的优越性能。但即便如此，要使这款产品畅销也不是一件容易的事。因为，虽然该新产品的优越性能已经得到了公司的验证，但是对购买者来讲却并不知情。现在，假使这个新产品的确具有公司所说的功能，但是，用户如果不买来试试看，根本体会不到这个产品在实际使用中物超所值的便利性、满意性。实际上，现在每天都有很多这种充满创意、具有突破性的方法和产品诞生，但是并不是所有的创新方法和产品，都能让用户感觉到它们的价值。新款服装每年都有，但是如果自己不试穿，那么究竟合不合适、满不满意很难知道。还有很多所谓的终极股票买卖必胜法，现在也到处泛滥。买家和消费者都知道，商家所宣传的划时代的新产品，其实也并没有他们所说的那样好，即使真的是一款划时代的产品，对买家来说，依然存在着这个产品适不适合自己，自己需不需要等一系列不确定性问题。这些不确定性问题都会导致用户在购买时犹豫不决。

如果用户认为这个新产品的确很有购买的价值，而厂家也能直接承诺产品的质量，即保证产品能像其所宣传的那样具有超凡品质，问题就能得到解决。但是，真正明白产品的优越性的只有开发者，直接承诺是做不到的。所以在这种情况下，有效的做法就是承诺该新产品可以退货。只有承诺可以退货，用户才觉得保险，从而打消在购买产品后不中意、退货赔偿又无门的种种顾虑。从买家的立场来看，这个保险，本质上也就相当于是厂家对自己的产品打折，进而就会增强买家的购买动机。但是，从策略性角度考虑这个问题时，更重要的是信号传递的效果。承诺可以退货，意味着新产品如果真的出现质量问题，厂家将遭受巨大的损失。而厂家却能够依然坚持这个承诺，也就证明了厂家对自己产品的质量有信心。如果只是一味地宣传自己的新产品有多好、多优越，这对对方来讲并不是一个可信赖的承诺，但是通过承诺退货这个信号的传递，就能够达到提高承诺可信度的效果。

我在美国生活的时候，很是惊讶于商店对那些来退货的人的宽容态度。像衣服之类的产品，来退货的顾客只要有收据发票，店员什么都不问立刻就接受退货，金额如数返给客户。说到购物，其实我们都有这样的感觉，虽然在店里面试穿时是觉得不错，但是又不能确定买了之后是否能与家里现有的衣服、手提包等搭配，所以最后很纠结要不要买。这时，店家承诺可以接受退货，就能完全打消顾客的顾虑。这种情况下，接受退货，其实也是给买家传递一个可以放心购买的信号。现在也有不少人就爱拼命地购买衣服，第二个星期又大量退货，还有买了的礼服，在派对上穿过一次之后又若无其事地退货。我当时想，对于这样狡猾的顾客，如果接受退货，店家也就没法做生意了。后来我才发现，即使存在这样难缠的顾客，退货的承诺还是有其必要性的。

承诺的策略性效果我们已经讨论过了，如果承诺不能有足够的可信度，其效果就很小。所以，**策略性的信号传递，就是在无法做出直接承诺的情况下，间接地使用信号，用一种可以让对方信任的方式，向对方传递自己能够遵守自己承诺的行动。**

有效的信号

从大的方面来分，有两个原则可以有效发挥信号的策略性效果。

首先，信号一定要让对方知道，让对方清楚、明白我们想要承诺的东西。如果对方都察觉不出你究竟想传递一个什么样的信号，那么这个信号就完全没有意义。

据说，女性剪头发也意味着女方在向男性传递一种信号。不管如何，如果女方把几十厘米长的头发只剪短几厘米的话，能察觉的人估计很少。女性如果想以剪头发来传递信号，就必须要像电影《罗马假日》里的奥黛丽·赫本一样，狠心把头发剪短，这样信号才能清楚传递，否则就没有任何意义。更不能责怪男方太笨，不懂得自己的心思，其实本来就是自己没准确传递信号。

商家虽然计划实施购物后一定时间内可以退货的销售策略，但是如果这个信号没有清楚地传达给消费者，那就没有效果。一定时间内可退货的策略，反映的是厂家对自己产品质量的自信，这样一个信号要传递出去就应该在销售时明确规定下来，以此来唤起用户的注意。商店在出售该产品时，也要大幅张贴可退货的广告，包括收款单上都注明，以便顾客随时可以看见。

国家或者是权威机构认定颁发的资格证书也是一种信号，可以让对方知道你确实有这个能力。不管你的英语有多好，想要让雇用单位或者是自己梦寐以求的大学、研究生院知道这一点其实并不容易。如果单单从传递信号这一方面讲，确实是可以用录音机录下自己演讲时的内容再发给对方，但是这个录音的真伪又很难验证，所以，传递一个让对方相信的信号的确不容易。

为了保障消费者的健康饮食，很多饮食店都宣称自己的原材料是无农药、无公害产品，或特意诉求产地与烹饪方法。这些店家为了表现这一点，甚至把饭菜效果都印刷成图画贴在餐厅墙壁周围，目的也是给消费者传递信号。但遗憾的是，墙壁上贴着的宣传海报下，坐着的却是一些抽着烟，吞云吐雾的顾客，让人对这家店所谓的健康饮食的宣传与现实产生强烈的差距感。

其次，为了更好地发挥信号的策略性效果，传递信号时必须要花费一定的成本。如果发出的信号是无须成本的，那么收到信号的人就无法区分该信号究竟是不是真实的信息，发信人是否真的愿意承诺他所宣传的东西，又或是发信人根本没打算承诺，只是随手发一下而已，反正又不用花钱。所以，即使发出信号的人真的会按照自己所承诺的内容采取行动，也不一定会得到接收信号的人的信任。这就跟前面所讲的一样，一个无法信赖的承诺就无法发挥策略性效果，不费任何成本的信号就无法期望发挥承诺的效果。所以，要想让接收信号的人信任你所发出的信号、相信你的承诺，就必须花费成本。在一个大家都在进行策略性思考的人群中，并不是所有的可观察、可认知的东西都能对信号传递产生效果。

比如前面所讲的重庆大厦的推销者的例子，他们的游说推销辞令大家都已经心里有数。尽管推销者不停地向过路人传达信号，说东西怎么怎么好，人家也都不会相信，就算卖者所经营的产品的确像他所说的那样好也无济于事。

大学的研究室里，一周总有一两个电话打来推销公寓经营，说是东京某一家公司把公寓经营得如何如何好。没有人会打电话过来说公寓经营的不好，所以只听他们的好话，那这个学校的老师也未免太老实巴交了。但是，如果这些公司真的如此频繁打电话推销，兴许还有不少老师就听信了。

策略上讲，这就好比一个男性称赞一个女性的容貌和着装，当着人家的面肯定不会有人说对方难看。卖东西的人肯定也总是称赞自己的产品，王婆卖瓜自卖自夸是策略性环境使然。所以，这些话本身在关键性的承诺效果上应该作用不大。但是，这种策略却频频产生效果，所以我们可以得出一个结论，那就是女性往往是缺乏策略性思考的。但是，男性的立场更惨，他们一旦受到女性的追捧，就不仅仅是高兴而已，还会为晚餐埋单，为她买衣服，反正什么花费他都全包。至于女性为什么会这么捧男性，我相信，只要男性对这个问题多一点策略性思考，估计这个社会就会完全发生变化。

请先给自己的信号一个成本

作为传递信号的一方，为了提高自己的承诺效果，必须要花费一个成本。只有花费一个适当的成本，才有可能让自己的信号使别人听起来更可信，更能相信我方的承诺。

男性向女性表白说自己想念她，从策略性角度看，是男性在向女性传达一个信号，承诺自己对女方的爱慕之情。此时，不能仅仅靠语言来表达，带上一束花会更有效果。因为花是要花钱的，付出了成本的信号带来的策略性效果更好，而语言却是免费的，承诺效果明显就差很多。女方收到花之所以高兴，并不是因为她真的就喜欢花，而是因为她通过感觉这束花中的成本因素，进而策略性地读懂男方传递这个信号的意图。送的花越贵效果越是明显，也证明了这一点，因为买花的成本大小直接反映了男方承诺的强度。这些都说明了在传递信号时，花费成本与不花费成本对承诺的效果是不同的。当然，至于女方高不高兴自己被男方追求，大部分情况下取决于男方的资质，并不是说男方用一束好花完美地传递出了爱慕对方的承诺信号，就能获得姑娘的芳心。王子与公主幸福的结局不是这么简简单单就可以得到的。

企业一般希望将自己的总部或者是销售店设在大城市，其实也有信号传递的效果。在大城市设置销售办公地点，需要巨额的经营费用，而在这些耗费巨额资金的地方开展业务，传达了企业对自己产品或服务的自信。

前面提到的公寓经营的例子中，销售员推销时喜欢说自己的公司在东京涩谷等之类的话。他之所以这么说就是想传递一个信息：我们公司既然在地租很高的涉谷办公，你就应该相信我们公司不是骗人的。不过可惜的是，光在电话中是无法判断这个公司到底究竟是不是在涩谷，再说即使这家公司的确是在涉谷合法经营，也没有办法确认这个打电话的人就是那家公司的员工。而且，现在社会中还有一个电话秘书代办的服务。只要同这些服务代办公司签订合约，他们就会通过电话帮你应对客户，甚至还帮助你收取快件，所以说，在涩谷找个地方来充当公司的办公地点实在是很容易的事情。而且，如果谈得好，他还能在你的名片上印上地址、电话号码以及商标。对于熟悉这些伎俩的人，你仅仅说自己在涉谷有办公室以及递出印有公司商标的名片，这些信号是不足以让他相信你的承诺的。

有的公司通过电视、报纸等媒体来做广告，其意义也不仅仅是让消费者知道公司的产品信息。通过这些商业广告，其实也是在展示公司对自己产品质量承诺的程度。试想，如果公司产品还在试验阶段，并没有得到验证就大张旗鼓地做广告进行宣传，万一遇到问题那结果就会很惨，广告费以及负面影响不是一个公司随便就能承受得起的。而消费者恰恰很明白这一点，所以，才会比较相信电视广告中所宣传的商品，即使是一则很廉价的电视广告也有效。从信号传递的效果来思考，也就能理解为什么那些著名的大企业也会不断地宣传自己的产品，因为这个做法的确是有策略性意义的。40 年前的索尼可能还不怎么为人所知，但是现在要找到没听过索尼的人估计非常难。但是，尽管现在索尼公司已经闻名世界，但也仍然不断地通过各种媒体向大家宣传自己的产品，可想而知将来也会不断推出更高品质的宣传广告。

一个顶尖的销售员，肯定不会直接向顾客推销自己想要出售的产品。他们一般不跟客户谈业务，而是跟客户聊家常，聊生活压力，聊社会发生的一些事情等这些琐碎的事情。这其实是有策略性原因的。顾客如果对自己的产品的确不感兴趣，销售员估计也就没理由去推荐。但是，顾客既然已经感兴趣，而我们强烈地向顾客推荐，信号传递的效果其实是不高的。比如销售新车的例子。现在新车的质量问题应该不存在，顾客也几乎不会对车的质量抱有疑虑，所以，这个时候顾客所关心的东西，不是车的质量，而是这个车驾驶操纵感究竟适不适合自己，同自己的生活方式究竟合不合调等，这些东西如果不去试试看就很难知道。所以这时，销售员应该给顾客传达的信息，就是这辆车究竟适不适合顾客。要传递这样一个可以让顾客信任的信息，销售员就需要去熟知顾客的生活模式，而且要知道这些东西，就要不惜时间和金钱去了解和调查。只有顾客感觉到你花了心思去做这些事情，他才会慢慢地相信你所说的东西。顶尖的销售员就是在同顾客的闲聊中巧妙地向顾客传递这种信息。

通常女性在买衣服时，无论店员怎么说衣服很合适，她也不会理会，而是从头到尾一件件试穿。因为店员所说的这种合适，究竟是不是真的合适，她都能策略性地感觉出来，也就是说店员传达的这个信号不是一个值得让人相信的信号。这种情况下，店员就不应该对她本人竭力夸赞衣服好看，而是应该在她朋友或者是配偶身上多下工夫。如果能让她身边一起购物的人传递出这件衣服很合适她这样一个信号，这个信号才是有效的。

在二手车的买卖中，买家能掌握到的该汽车品质方面的信息只有车型、年代和行驶公里数。也就是说，在二手车这个行业，买家掌握的二手车信息是非常有限的，卖家却掌握着更多的汽车信息。如果卖家也是车主的话，那他就非常明白该车的行驶状况。即使是二手车的经销商，他对该车前车主所掌握的信息以及他自己本身从事这个职业而具备的专业知识，都肯定比买家要多。只有买家相信汽车质量上没什么问题，这辆车才能卖出去。此时，如果承诺一定期限内能够免费维修，那么汽车质量没问题这个信号的传递效果就会更好。毕竟质量有问题的车谁也不敢保证一定时期免费维修，这个成本太大了。

随着家庭电脑的普及，新电脑的销售竞争也日益激烈化。因此，有些家电经销商比如 SOFMAP 和山田电机等都在不断加强二手电脑的收购和销售。如今，新电脑的销售利润只有 5%，而二手电脑的利润却超过 20%。即使将修理成本算进去，其利润也在 10% 以上，这就是为什么经销商会在二手电脑上加大力度。由于买家不能立即掌握二手电脑的质量信息，所以这些经销店一般都会承诺在购买后的一段时间内可以退货。这个承诺就跟前面所讲的二手车的例子一样，信号传递的效果非常好。如果承诺可退货，那么在实际发生退货的过程中必然会有一些退货处理程序，从而也就会产生所谓的信号传递费用。但是，由于是二手电脑，跟买家承诺品质没问题对卖家来说是有风险的事情，二手电脑至少在质量方面跟新电脑相比更难把握，这个时候向买家传递承诺可退货这样一个花费成本的信号，也就增加了附加价值。卖家对二手电脑的品质承诺所带来的收益，与品质更好的新电脑相比，其利润更高，也就证明了有着策略性效果存在。

所以说，像这种会耗费成本的信号，的确更容易发挥策略性效果。但是，这种耗费成本的信号不是任何时候都能让对方正确解读和领悟信号传递者的意图。比如，一个小男孩总是喜欢欺负一个小女孩，多半是因为这个小男孩对这个小女孩感兴趣、喜欢她。可以这样理解，小男孩因欺负小女孩而遭到父母以及老师的斥责，可以看做是一个传递信号的成本，这个成本其实很大。而受欺负的小女孩能看到小男孩在欺负自己后会遭受的惩罚，这一切都满足信号传递的要求，可惜这种信号却往往不能被小女孩看做是来自小男孩的爱慕之意。

另外，费用成本的耗费本身就是一种损失，所以平衡信号传递所耗费的成本与获得的收益，选择尺度合适的信号是非常有必要的。二手车免费修理的承诺到处可见，但是承诺退货的情况就很少。虽然承诺退货的话，效果肯定更好，但是承担的风险就不仅仅是车子本身的品质，有的人在车子用过一段时间后也会来退货。所以，相比较而言，只修理不退货这样一个信号传递比接受退货所消耗的成本要低很多。毋庸置疑，一个商家无论何时都接受无条件解除合同的服务，这个承诺效果肯定好。但是，使用后又解除合同的行动将纷至沓来，其带来的成本可就无法估量，所以必须要划定一个期限，在这个期限内才接受无条件解除合同，这样才能确保厂家承诺时耗费的成本与其所得收益平衡。

男性同女性刚认识并开始交往时，一般都是从送花、吃饭等小事开始，这个信号其实是合适的，如果一下子突然就送蒂芬尼戒指就显得太突兀了。并不是所有的事情都需要很强的承诺，如果这个承诺耗费的成本过高，也就未免让人觉得你是否另有所图，最后反而落个偷鸡不成反蚀把米的境地。这种情况下的信号传递，必须要多加注意。

信号的相对成本与其效果

没有消耗成本的信号是无法被信赖的，承诺也就不可信赖。但是，一个有成本的信号，也不是信号传递的关键所在。在做出承诺与不做承诺的情况下，传递同样一个信号会存在一个相对的成本差额，如何认识这个差额才是关键。假设接收信号的一方，认为那些不敢对自己的产品质量做出承诺的商家传递信号需要很大的成本，那么即使这些信号的绝对成本很低，它也能起到很好的信号传递效果。

比如，假设对于同样一个信号，质量好的商家就可以很轻松地传递这个承诺的信号，而质量差的商家，要传递这个信号成本相对来讲就大。对于信号的接收方来讲，他们无法只从这个信号当中辨别出与产品质量有关的真实信息。但是，如果相对成本的巨额差存在的话，信号的接收方会做如下推断：如果这个信号是一直卖低质量产品的商家发出的，他们传递这个信号的成本应该是巨大的，因此他们没必要这么做。换句话说，既然对方传递出信号，那就说明他传递信号的成本相对来讲就很低，所以，这也就意味着其产品质量肯定也比较高。

对于汽车质量差的商家来讲，免费修理车的成本费用是很大的。而质量高的商家，因为车的质量好，修理的可能性反而更小。换句话说，肯承诺免费修理的二手车卖家，他传递这个信号所花费的绝对成本也就不大。虽然成本不大，但是买家会根据这个信号建立起对该卖家承诺的信任，这是因为汽车质量差的卖家如果也承诺免费修理的话，就需要庞大的修理费用，从而导致信号传递的实际成本也就非常大，所以敢于承诺的卖家其产品质量肯定也就没问题。批发店出售的可保修二手电脑之所以也有人放心买，原因也在于此。大家都知道企业的品牌形象非常重要，是顾客值得信赖的保证。企业的品牌形象之所以能够成为一种值得信赖的信号，是因为做假冒伪劣产品的企业不可能长期维持这种品牌形象，只会越做越臭。也就是说，对于那些做劣质产品的企业来讲，要想传递出品牌形象这样一个可以被顾客信任的信号，其成本是非常大的。

有些企业也在著名的杂志上登广告，但是不会立即赢得顾客的信赖。的确，在杂志上做广告是需要花费成本的，也就是说这个信号也的确是花费了成本的信号。但是，企业的产品是否被信赖，还要看相对的成本差。因为，毕竟还存在一些以欺诈为目的的皮包公司，他们也在杂志上做广告。所以，我们首先就得确认，这些企业是否真的承受得起不停做广告所花费的成本。在杂志上做广告，一次两次的费用并不多。但是，对于那些皮包公司，持续做广告花费的成本会让他们得不偿失。

企业给自己的财务评定等级，不仅仅是公开自己的财务报表，也花费巨额手续费让穆迪和标普公司等评级机构给自己评级。那些财务非常糟糕的公司，也就不可能找来评级机构给自己评定等级，将自己糟糕的财务状况公诸于世。如果他们这么做，其成本跟财务状况好的公司相比是非常巨大的，无疑是将自己逼上死路。所以说，当评定等级也是一种信号时，评级机构收取的手续费，也可以看做是企业在传递自己良好财务状况这一信号时所需花费的必要成本。

信号传递的时机

我在美国时有这样一个经历，每一个学期结束时总会有几个学生来我办公室说自己从我的授课中学到很多东西，听我的课如沐春风、受益匪浅之类的话。他们表面上在我这里说他们如何如何喜欢我的课，策略性思考一下，其实并非如此。美国的大学与日本不同，美国学生的成绩好坏，直接影响着自己未来的奖学金、就业，更重要的是，如果成绩差很难面对一直对自己进行投资的父母。

所以，他们来我这里拍马屁的时机非常重要。如果是在成绩定好之后，他们还花一个下午的时间特意来我的办公室，对我说喜欢我的课、受益匪浅之类的话，那我还有可能相信。但是，如果是在考试成绩确定之前，那他所说的话就无法让我相信了。他来我办公室的物理成木，即走路以及花费在路上的时间等，在考试前后几乎是不变的。但是，在考试成绩出来后，再来我办公室拜访的成本却是上升的。

同样的道理，如果有某位跟我已经没有任何直接利益关系的毕业生来拜访我，我就会非常高兴。

信号传递的数字举例

我们通过以下一个简单的情况，来进一步加深理解一个可信赖的信号传递与成本的关系。假设现在有个买家决定是否购买一件定价为 7 000 日元的商品。这件商品对卖家来讲毫无使用价值。对买家来讲，如果商品是真品，那么这东西在他心目中可值 10 000 日元，但如果是赝品，那就一文不值。在这里，我们就规定符合买家需要的东西就是真品，不符合的就是赝品。商品的质量只有卖家清楚，买家无法判断，只有买了拿回家使用一段时间后才能判断是真是假。买家猜测该商品有可能是假货，但是又无法判断，就暂且认为该商品是真货或者赝品的概率各为 50%。商品的价格已经定死，不能还价，买家只能决定买与不买。

如果该商品是真品，买家心目中的价值是 10 000 日元，减去商品的实际价格 7 000 日元，差额就是 3 000 日元，这是买家赚到的部分，所以买家应该购买。但如果商品是赝品，那就完全没有价值，买了的话损失就是 7 000 日元。但是，现在买家无法判断商品的品质，那究竟是买还是不买呢？

答案是不买。因为买家既然无法判断商品的真假，就应该取平均值 5 000 日元来考虑，而商品的定价是 7 000 日元，如果购买下来，相对于平均值就是亏损。

但是，如果卖家能够承诺商品的质量，甚至花费成本来担保，那么这个买卖就能做成。比如，现在卖家花 1 000 日元的成本，请来值得信赖的第三方给自己的商品质量做证明和担保。虽然多花费了 1 000 日元成本，但是只要能证明这个东西是真货，买家就会去买，这样卖家就能获得 7 000 日元的销售额。

虽然质量证明所花费的成本不会直接产生价值，是一种经济损失，但是缺少这个证明，产品根本就卖不出去。假设现在卖家卖的是赝品，也就没理由还花 1 000 日元来证明自己的东西是赝品。所以，对于没有质量证明的商品，买家至少会以 50% 的概率判定这个商品是假货。这时，既然品质无法判断，最后他也就不打算买了。这种情况下，卖家就需要策略性地做出质量保证这样一个花费成本的行动来传递信号，才能获得利益。

即使商品的品质无法直接证明，也能够有限地进行信号传递。比如，卖家通过一个大家容易看到的宣传活动来宣传产品。如果商品是正品，宣传起来也就没有那么辛苦，仅需花费 1 000 日元，而卖假货的人为了宣传自己的产品需要花费 8 000 日元，此时卖一件东西才 7 000 日元，根本就是亏本生意，卖家最后是不会做宣传的。卖正品的商家花费 1 000 日元进行宣传虽然存在一定的经济损失，但这个跟前面的质量证明的效果是一样的，只有宣传才能卖出东西，最后才能获得收入，这个成本是必须要花的。

如果换成传递可以退货的信号，卖家的经济损失就有可能大大减少。发生退货时，除了要退给买家 7 000 日元现金之外，还要另外花费1 000日元对有缺陷的商品进行修理才能重新销售。假使卖赝品商家也承诺可退货，其后果就是赝品卖出后又被退回来，最后还搭上1 000日元修理费，再卖出再退回，其损失非常大，所以卖赝品的商家是绝对不会接受退货的。因此，如果商家承诺可以退货，买家就会推断这商品应该就是正品，最后也就会购买。而此时，虽然卖正品的商家承诺可以退货，但是既然是正品，那么发生退货的情况也就几乎不会存在，说到底，承诺退货这个信号对卖正品的商家来讲是几乎不耗费成本的。

“退货”，这样一个非常有效果的信号传递，放在男女婚姻上其实也是不错的。

> 男方在求婚时，可以明确地跟女方说只要你对我不满意，随时都可以跟我离婚，以此来承诺自己作为女方未来的老公绝对是一个“合格产品”。而女方在中意的男性面前信誓旦旦地说绝对不能分手，这些话从策略的角度来看，其实是不明智的。这就好比是，当自己在给别人做媒时，为了让别人相信自己所介绍的人是优秀的，可以大胆地说，你不满意可以离婚。但是如果说，结婚了就不许你们离婚，那人家就会对你介绍的这个对象的“质量”持怀疑态度。

如果产品质量问题能在短时间内发现，那么承诺可以退货这样一个信号的确能发挥很好的效果。但是，对于那些短期内无法发现质量问题的产品，这个信号就会产生问题。极端情况下，比如判断某个产品质量要花上几年时间，当你发现这个产品有质量问题想退货时，你可能根本就找不到当时卖这个产品的人，而且在判断产品质量前，可能都已经遭受了无法挽回的损失。所以在这种情况下，卖假货的人，也有可能很乐意跟你承诺可以退货，反正一时半会儿你也发现不了是不是假货。因此，即使卖家发出可以退货的承诺信号，而且卖家卖的也的确是正品，但这个承诺效果也会消失。婚姻就是这样，没有人会积极地承诺说不满意可以离婚，这可能就是因为婚姻是复杂的。

接受退货的原则与条件

接受退货这个信号传递策略的确很不错，但是对于那种在短时间内买家可以发现质量问题但无法提供证明的产品，卖家就需要注意这种信号传递的效果。现在大家经常会看到，厂家尽管在不断表明其产品性能完全和其所宣传的一样，但是为了避免买家恶意使用或者是使用不当而导致产品损坏的退货，便要求买家在退货时提供相关证明，证明产品哪里有问题或者是产品跟所宣传的哪里不符。这看起来似乎是很正常的一件事情。但是，仔细想一下接受退货这一信号传递的效果就能发现，厂家的做法其实也不尽然是对的。如果有条件退货，那么即使是产品质量差的厂家，也有可能对自己的产品承诺退货。也就是说，无论是产品质量好的厂家还是产品质量差的厂家，都会向买家承诺退货，因为这个信号的传递成本差不多，即相对成本差额很小。此时，承诺退货这个信号在保证产品质量方面，效果会大打折扣。因此，厂家要求消费者证明其产品有质量缺陷的做法，反而有可能损害厂家利益。

再回到前面的数字案例，假设买家在退货时必须证明他买的产品是假货。但是买家即使买到假货也没把握能够证明。这里，我们就假定，如果是假货，买家有 50% 的概率可以提供证明。如果这样，那么卖赝品的卖家也会承诺可以退货。因为卖赝品的厂家就只有 50% 的概率办理退货手续退回全款，并支付 1 000 日元的修理费，另外还有 50% 的概率买家因无法提供证明而无法退货，厂家可以得到 7 000 日元的销售额。这样，卖假货的厂家平均只需支付 500 日元的费用（1 000 日元乘以 50%），平均销售额是 3 500 日元（7 000 日元乘以 50%）。所以，无论是真货还是假货，厂家都会传递信号，承诺可以退货，导致承诺退货这个信号对买家产生不了什么作用，因为还是无法区分真货与假货。在这种情况下，买家买任何一件产品，他就有 25% 的概率无法获得退货退款：真假货物的概率各为 50%，而买到假货时通过提供证明可以退货的概率是 25%，总共就是 75% 的概率不遭受损失。这时，买家买得该产品的费用就是 5 250 日元（7 000 日元乘以 75%），通过退货这个条款，的确是有个很大的折扣，但是与产品平均价值5 000日元相比还是略高，从这个数值的比较综合考虑，最后买家就会放弃购买该产品。由此可见，厂家要求买家提供证明的做法，很有可能丧失销售产品的机会。

在这个例子中，卖真货的厂家就应该站出来，传递他应该传递的信号，即无条件接受退货。因为卖假货的厂家无法做到这一点，买家也就能相信承诺无条件退货的厂家是正品厂家。应该注意的是，厂家对自己的产品有没有自信与无条件接受退货其实并没有直接的关系。从策略性思考角度出发，首先要去分析买家所考虑的事情，因为买家是信号的接收者，他们会将正品卖家同他们所想象的赝品卖家进行比较。

即使有50%的概率是因为买家的恶意使用或者是使用不当导致产品损坏而要求退货，厂家也应该接受无条件退货。因为如果做不到无条件退货，买家就无法判断市场上的产品是不是正品，也不会将你看成是出售真货的厂家。而如果无条件退货，虽然有50%的概率产生退货并导致500日元的修理费，但仍然有50%不退货而有7 000日元的销售额，平均销售额是3 500日元。这样平均收益就是3 500日元减去500日元等于3 000日元，这总比得不到买家信任一个都卖不出去时的情况要好。退货造成的损失，是我们给买家传递一个可以让买家信任的信号所必须支出的费用。

以电视广播为媒介的邮购销售在过去5年间得到快速发展，

而这过去的5年正好是商品难以卖出的通货紧缩时期，所以邮购的发展更显突出。这种邮购方式，买家其实是无法看到实物的。而且，最近邮购的主力产品，并不是生活必需品，而是一些以特定领域和特定顾客为目标的新奇商品。越是特殊的、新奇的商品，买来之后，越有可能与自己想象的不一样。所以这个时候承诺无条件退货的策略就能发挥效果。这个效果不仅给买家上了一层保险，使得他们放心，另外也可以让买家相信这个产品肯定就跟广告上说的东西一样，这就是一个很有效的信息传递策略。目前的邮购与上门推销、电话销售不同，不受冷静期（cooling-off）[①] 制度的约束，虽然卖家没有义务接受退货，但是一般大型卖家还是承诺无条件退货。邮购的产品中有约3%发生实际退货，而且其中有很多商品都是用了一段时间后卖家才退货。这本来已经超出了退货条款之外，但是卖家还是无条件接受退货，这就是卖家的一个信号传递策略，为的是将自己与那些不道德的卖家区分开来。

美国的超市和批发店都不停地在电视和报纸广告中宣传自己公司可以无条件接受退货，究其原因，就是我们前面所讲的内容。有些企业，因为有《制造物责任法》（《PL法》）的存在才勉强承认可退货的制度，其实他们真的很缺乏策略性思考的头脑，

① 冷静期有时也翻译成冷却期、冻结期，指一个短期合同的法定期限，在此期间，购买者可无条件解除合同。——译者注

丧失了很多商业机会，要不然就是他们的产品质量确实不怎么样。

有的公司规定，在签订合约之后，如果实际上没有得到应该享有的服务，可以无条件解除合约，这种做法也同样具有策略性信号传递的效果。当你打算报名参加某个英语口语培训班，或者成为某家美容院的会员时，请在签订合约时仔细确认合约中的条款。如果对方并不是无条件答应解约，或者是给解约附加了各种条款，那么对方其实给你发出的信号就是他们对自己的服务没有信心。如果是这样的话，那么可以断定签约后想解约的可能性会很高。在价格低廉的品牌店买东西时，都是首先确认能不能无条件退货后才决定买不买，其实也就是想测试该店所卖的东西究竟值不值得信赖。

资格证书的信号传递效果

2001 年的诺贝尔经济学奖获得者迈克尔·斯宾塞 (Michael Spence) 就指出了一种实实在在具有信号传递效果的东西，即大学毕业证书。当然对于某些拥有潜在能力的人来讲，读个大学肯定是没什么问题，但是对于那些不具备潜在能力的人来讲，大学毕业是一个相对来讲很难、成本很高的事情，毕业证书就具有策略性信号传递效果。比如在日本，一流大学毕业生的光环发挥着很大作用。

现在社会中有很多各种各样的资格证书考试，这些考试的目的是为了测试应试者的技能和知识，同时也具有信号传递的效果。参加这些考试的考生，他们的首要目的并不一定就是为了学到该资格所要求掌握的技能。

> 英语成绩是测量大学生勤奋度的一个非常好的指标，尽管现在没有真实的数据来证明这一点。当然，也不一定是说英语的作用就很大，只是要学好一门语言，不管这个人的语言天赋如何，都必须要下一番苦工夫。对于勤奋的学生来讲，要学好语言并不是特困难的事情。也就是说，勤奋的学生提高学习成绩的成本很低。所以，英语考试成绩能有效传递出一个人是否勤奋的信号。

如果仅从信号传递的效果来进行判断，也只能判断出没有潜在能力的人从大学毕业所需的成本很高，至于在大学里的学生是否努力学习就不得而知了。更为讽刺的是，有的人的确是考入了名牌大学，什么都没学好也拿到了大学毕业证书。进一步说，在日本，从大学毕业是一件很容易的事情，所以，要想使名牌大学资格证书能传递出真实的信号，那么在入学考试时对考生的甄别就显得尤为重要，而不是看学生在入学后的表现。当然，这种结果的产生，应该跟目前日本大学里没有给予学生努力学习的动机有着密切关系。

所以，资格考试也是一样，只从信号传递的效果来看，资格考试考的其实并不是考生某项技能学得如何，而是考察考生在这个技能上的潜在能力，对有潜在能力的考生来说，这么一个考试很容易就过关，没有能力的人则需花费大量的精力。资格考试虽然并不是测量考生真实能力的好方法，但是，从信号传递这层意义来讲，还是有价值的。

信号的解析与信赖关系的维持

要发挥信号传递的效果，重要的一点就是信号的接收方要能很清楚地理解信号所包含的意图。正是因为预测自己所传达的信号能够被正确解读，所以发信者不惜成本也要传递这个信号。如果发信者悲观消极，觉得自己传递的信号未必能被正确解析，可能他就不会传递需要花费成本的信号。所以，即使存在一个策略性信号，但是如果当事人对这个信号传递效果持有怀疑态度而迟迟不愿意传递，最终就会导致商机的消失。

我们再回到前面所讨论的简单买卖的例子。只有卖家认为其传递的信号能够被买家正确理解，使买家相信自己的商品是正品，他才会进行宣传。如果卖家悲观地认为，传递的信号中所包含的意图不一定会传达到买家那里，即使传达到了，买家也会认为这个商品还是有50%的概率是假货，卖家就会索性不宣传了。当然，卖假货的人肯定也不会去宣传。这时，从买家的立场来看，既然你们两家谁都不传递出信号，那我也就无法判断谁的东西是真谁的东西是假，买真货假货的概率都是50%，那我干脆就不买了。

信号不能被正确解析的原因，不一定就是源自于卖家或者买家不合理的推论。从结果来看，如果买家的判断不改变，那就说明卖家并没有发出信号，如果卖家发出信号，信号究竟是否被买家正确解读，或者是跟悲观卖家预测的那样，即使传递了信号，信号也并没有被买家正确解读，这两种情况其实没有根本差别。如果没有传递信号，买家肯定就不会购买，因为卖家的消极预测究竟是对的还是错，虽然可以通过观察买家的行动来判断，但却也无法证实。总之，如果一个信号没有发挥效果，也总是会存在某种合理的策略性思考给予解释。

由于现在电车上有很多男性乘客手脚不干净，所以便出现了女性专用的车厢。这样女性就不用担心男性乘客的骚扰了，但是，思考一下信号传递问题，这个事情还是有些复杂。既然存在女性专用车厢，那么传递出的信号就是，女性就会去乘坐女性专用车厢，同时也存在另外一种信号，女性不去乘坐女性专用车厢。当然，在不乘坐专用车厢的女性看来，这完全是偶然的，并不代表这个信号所应包含的意思。但是请注意，解读这个信号中所包含意图的人，并不是传递信号的人。解读信号的人可能会认为，不乘坐专用车厢的女性其实对男性的骚扰行为并不是很介意。虽然这么解读这个信号的人可能不太多，但是，越是那些手脚不干净的男乘客越会这么去解读。

前面所讲的抽象的例子，在完全相同的策略性环境中，信号发挥与不发挥作用的可能性都存在。因此，在现实中，信号传递方必须想尽办法给信号接收方创造一个能正确解读信号意图的环境，使他们从这个信号中做出判断进而才能促成生意。以下就是必须要注意的三点。

第一，如果坚信对方能够合理地、策略性地思考，那么信号传递方就要不畏失败，传递出各种信号。因为不传递信号，自己的意图也就根本无法表达。当然，信号中包含的意图没有传达到的话，信号传递的成本就会变成损失，所以，信号的尝试传递要尽量选择没有成本的。前面我们说过，承诺退货这个信号之所以很有效，是因为即使信号传递失败，货物没有销售出去，其信号传递的成本也是很小的。如果无法肯定买家能不能理解信号的意图，采取低成本的信号传递就很有意义。在我们身边，越是讲信用的店，越是自觉地、明确地承诺接受退货。

第二，避免采取那些让人难以对信号做出解析的行动。回想一下，信号之所以能够包含自己的承诺意图，其前提就是信号接收方正确评价信号传递的成本。信号如果是很明确的，那么信号接收方就会很清楚地知道，那些愿意承诺的人与不愿意承诺的人之间的一个成本差。换句话说，如果信号不明确、成本差也得不到对方的理解，那么信号也就难以作为一个策略实施。

前面讲过，同广告宣传的信号传递效果一样，女性在服装、打扮上消耗的精力和金钱也具有信号传递的效果。女性的穿着打扮很容易被别人关注，入场的气势和气质也能通过当天的化妆看出来。据可靠情报显示，粉底的打法这个信号也分得非常细，有的是为了让同性接受、有的是为了吸引异性。当然，如果男性对这个信号的意思不能进行正确的解读，原因也就在于多数男性不知道这类信号的成本。

女性给男性送花的情况，比男性给女性送花的少，其实也是因为对成本的感觉有差异。男性对花的成本概念相对于女性来讲，要无知得多。对于这些对成本差非常无知的信号接收者，策略性信号传递的效果就很难发挥出来。

男性赠送订婚戒指给女性的习惯，也是一种传递自己承诺的信号。但是，同样是 50 万日元的钻戒，月收入 10 万日元的人送与月收入 100 万日元的人送，其承诺的强度是有差别的。钻戒的价值一般应该是月收入的 3 倍左右，这个价值比例的形成，从信号传递的效果考虑，其实也是有一定道理的。

第三，对于已经取得接收方信赖的信号，必须避免做出使信号失信于人的行动。一旦失去信号接收方的信赖，信号的策略性价值将不复存在。有的料理老店就是靠着他们食材好这个信号而成功地维持信誉，支持着这种信誉的信号能够产生很大的附加价值，一旦他们的食材出了问题，那就可能面临倒闭的风险。

2001年4月实施的有关规范农林物资的规格化以及质量标签的法律（修正《JAS法》）中，强化了对食品的规格以及原产地、原材料名称的标示的规定。按照修正《JAS法》规定所做的标示，是生产者对消费者发出的有关质量的信号，都是无须怀疑的，但是，最重要的一点是，这种信号的可信性都是通过法律的强制规定才得以确保的。通过原产地的品牌信号，这些高品质的产品就能产生一个附加价值。当然，虽然法规制定更加严格，但是还是发生了日本雪印食品公司伪造牛肉产地标示，日本全农鸡肉食品公司伪造鸡肉标示等问题。这就导致了法律保证的这些信号的可信度剧降，使得食品标示这个值得信赖的信号传递效果陷入尴尬的境地。这部法律预计需要再次修正。所以说，信号的可信度丧失是一件很容易的事情。而且，想要再次恢复这种信赖并不容易。

从策略的角度思考，这个信号传递的效果之所以会失败，是因为卖低劣产品（正确地说，应该是品质不同的产品）的商家，把这些低劣产品当做优质产品销售时，其传递的信号成本是很低的。如果伪造标示被发现，其处罚就是公开企业名称并处50万日元以下的罚款。标示的真伪鉴定是农林省的责任，但是原产地的确认在实际中确实是一件困难的事情。由于假标示被发现的可能性也很低，虽然发现后企业会有损失，但是按照法律规定的处罚金额，企业伪造标示的成本不算高。总之，信号传递的原则就是，卖低劣产品的商家相比卖优质产品的商家，其信号传递的相对成本必须要足够高，而前面的例子就正好相反。

沟通交流

在策略性环境中，存在利害关系的人之间即使传递信号没有成本，也具有重要意义。交通信号也是一种信号，我们大部分人都会去遵守，并不是因为这个信号的传递没有花费成本。红灯停、绿灯行，大家知道这样做对自己是有好处的。

推而广之，这本书中的文字其实也是一种信号，至少可以看做是笔者在表达自己的思想，发出信号。因为笔者想将这个信号传递给读者，所以才会写这本书，同时读者只有看到文字所表达的意思，懂得了作者写这本书的意图才会继续往下读。一般来讲，日常的谈话，其实也就是一种将自己的意图传递给对方的策略性信号传递方式。而其中的语言之所以能代表某种意思，肯定就是因为信号的传递者所要表达的意图同信号的接收者所解析的意思是一致的。说话人和听话人只有信任彼此间的信号，才能维护共同的利益，这时，信号传递的成本即使很低也有效果。只是，一点成本都不花费的信号，其效果很弱。交谈中各种说话方式所导致的误解经常发生，每句话包含的意思在不同时期也不同。

相互交谈时，这个信号是不花费成本的，如果误解不可避免的话，那就应该直截了当地说明白。有的文章写的倒是很文雅，但是读的人不知所云那就没什么意思了。所以，在看书的时候，重要的是自己如何去思考、想象，至于用策略性思考去拼命探究作者想要表达的意思，就大可不必了。

第8章 信号甄别与逆向选择

策略性探求对方的心理

一个策略性的信号传递应该是这样的，掌握信息的人可以向缺乏信息的人传递自己的身份、属性和承诺，而缺乏信息的人能够甄别掌握信息的人的属性以及他所做的承诺。这个在经济学中我们称为信号甄别，即筛选具有某种属性或者是做某个承诺的人。

换句话说，信号甄别就是在缺乏信号情况下的一个筛选手段，让掌握信息的人首先传递出包含某种信息的信号。虽然一个信号要有作用，跟发信号的成本以及接受信号的人如何解析这个信号有关，但是在信号甄别时，信号接收方为了能使自己更容易解析而预先发出自己的信号，以诱使对方发出信号。

信号甄别的例子

在人际关系上，很多人就是运用这种信号甄别的方法来探测对方对自己的看法。当然，对方意图咱们暂且不论。比如，在平常的交谈中，不经意地说出自己的生日快要到了，如果对方趁机约你吃饭给你庆祝，或者表示生日当天要带礼物来，这说明事情还是有下文的。而如果恰恰相反，在说出自己的生日快到了，打算举行派对并准备邀请对方时，对方却回答说那天正好是公司业绩公布日期，或者说已经跟朋友约好了去看电影等之类的话，那基本上就说明这事没戏了。甄选的逻辑关系就是，对于某个事物、属性，比如对方是否对自己感兴趣、有好感，其实只有对方才知道。所以，要通过甄别来使得掌握信息的对方传递出信号，透露出信息，以此来判断对方是否对自己感兴趣。

大家都知道，现在大学上午第一节课的出席率非常低。如果有学生能够经得起睡懒觉的诱惑而赶来上课，就说明这是个学习动机很强的学生，听课的快感比睡懒觉的快感多。换言之，如果将上课的时间提前，就可能筛选出想学习的学生，这就是利用信号甄别的一个方式。不过问题在于，这需要上早课的老师也要做出很大的努力。因此可以进行信号甄别的人也需要花费成本。

前面提到过考试也具有信号传递的效果，如果想测试一个人的学历如何，强制别人接受考试也属于信号甄别的一个方法。

企业在招聘员工时将其取得的资格证书作为入门条件，可以看做是企业甄选应聘者的策略性手段。当然，像律师和会计等职业，都必须是持证才能上岗，资格证书对岗位工作是有直接帮助的。但是，像英语证书等资格证相对于资格证本身的价值，他们测试的只是应试者的资质而已。哪怕托业（TOEIC）考试的成绩再高，关键也要看这个人是不是能很好地运用英语，是不是纸上谈兵。仅凭一张托业考试成绩单，并不能把生意谈下来。企业招聘时要求有这个资格证，可以看做是企业要求应聘者发出这个信号，以便于观察此人的资质和能力。

刚毕业的学生在求职的时候，一般都是从填写企业提供的一张求职申请表开始。企业能从这个表中获取与该学生资质相关的最近的基本信息，这就是信息甄别的功能。因为要完整地填好这个申请表需要花费一定的时间，所以那些不太有心应聘的学生就会敷衍了事。也就是说，通过这个信号甄别法，可以将真正对这个企业有意向的学生从那些只是抱着试试看态度的学生中筛选出来。从信号甄别的角度来看，现在企业将求职申请表标准化以方便学生的做法，其实是很不可取的。

在现行的会计制度中，企业拥有的土地和工厂设备等固定资产的现价不必在这些资产贬值时做一个损失处理，等于公然认可掩盖这种已经产生的损失，这造成了很多问题。当时大家都认为，2005年年终决算时，处理因资产贬值而带来的损失会成为企业的义务。有趣的是，从2003年开始试行这种制度后，就有人预测在真正实施该制度的2005年之前，这会起到信号甄别的作用。因为财务状况良好、有资金处理这些损失的企业，会抢先一步做出处理，以展示企业健全稳定的经营状况。

信号甄别的条件

在某个已经设定好的信号甄别机制下，对方究竟是否能按照预定的设置传递出信号，完全取决于信号传递者。也就是说，信号甄别者也不一定就能让对方发出自己想获取的信息。换句话说，要想使信号甄别成功，必须事先做好准备，准确地给发信者一个传递正确信号的动机，必须根据其属性、类别来清楚地区分传递信号动机的强度。

这么做的原因有两个。第一，无论怎么去关注对方的信号，如果自己真正想筛选的人没有传递该信号的动机，那么这个信号甄别也就没有任何效果。

新书后面一般都会夹着一张读者阅读反馈表，目的是收集读者在读完该书后的一些意见，当然我是从来没写过。我不写的原因并不是因为书不好看，而是因为我根本没有这样做的动机，没人会将这张意见反馈表一直保留到把该书阅读完，然后还特意花时间写上自己的意见，最后还要买个信封贴上邮票寄往出版社。通过这种方式，读者的确是可以同出版社和书的作者进行交流，但是，因这个交流带来的喜悦而产生的动机还不够大。书的内容好不好，只有阅读过的读者知道，出版社可能是想通过这种方式获取这种信息，但是，仅仅靠读者阅读反馈表来筛选，信号甄别的效果未免也太差了点儿。

第二，即使自己想筛选出的对象有传递信号的动机，但是，如果自己想筛除掉的对象也有传递信号的动机，那么信号甄别也是失败的。

如前面所讲，对某个人强调自己生日快到了，这时必须是要不经意地提到。如果直奔主题，还说如果生日当天对方肯来，可以派车去接送，这样的话，即使对方本来对你的生日不感兴趣，最后估计也会去给你庆祝。当然，这也就肯定无法获取对方真正所想，也就谈不上信号甄别了。你直接去问销售员他们公司的产品究竟好不好，相当于没问，因为没人会说自己家产品的质量不好。

日本基于年功序列工资制的终生雇佣制度，就可以看做是企业对员工做出的一个承诺，即员工在年轻时只能获得一个偏低的工资，而到了一定年龄则可以获得一个偏高的工资。这种制度在信号甄别上可以发挥很大作用，因为它能筛选沉淀出那些真正打算在企业里长期工作的员工。对于只打算在企业里短期工作的人来讲，开始阶段接受低工资划不来，他们对终身雇佣也不感兴趣。而对于企业来讲，被员工炒鱿鱼也是一个不小的成本。考虑到企业需要给新进员工的指导培训，所以通过信号甄别的手段筛选出愿意在企业长期工作的员工，对企业来说真是优点多多。但是，在这个已经定型的终身雇佣制社会下，大家都已经知道里面的道道，那些没打算在一家企业长期工作的员工，想找到一家企业一开始就给自己支付与自己劳动相符的工资并不容易。所以，无论该员工是否打算长期在该企业上班，在社会制度的影响下，最后选择终身雇佣的动机还是很高，所以终生雇佣制的信号甄别效果也并不是万能的。

让爱你的人给你买戒指也是一种信号甄别技术，可以筛选出真正爱自己的人。从策略上讲，这是因为被甄选的人需要支付比较大金额的费用。而且，由于这个费用能给某些人带来利益，所以很多人更是进一步把这个策略运用到商业上来，唆使别人进入到这个“筛子”中进行甄别。比如人寿保险公司打出的“加入保险，就是对家庭的负责”之类的广告就是一个例子。

消费者的筛选

不同的消费者对不同商品的购买欲望也是不同的。从商家角度来看，对于那些购买欲望强、愿意支付高价购买产品的消费者，商家当然是要高价卖给他们；反之，对于购买欲不强的消费者也只能将产品便宜卖给他们。

比如同样一款电视机，有一个人愿意花 30 000 日元购买，还有一个人只愿意花 20 000 日元购买。其他消费者对这款电视机则完全不感兴趣。这时，如果卖家以同样的价格出售该款电视机，假设价格高于 20 000 日元，那么只能卖掉一台。如果要卖出两台，只能定价 20 000 日元，总销售额就是 40 000 日元。但是，如果卖家能分别同这两个消费者交易，以差不多30 000日元的价格卖一台给愿意出高价的人，再以近20 000日元的价格卖一台给另外一个人，就能实现近50 000日元的销售收入。

但问题在于，卖家手头没有买家购买欲望的信息，而且又无法仅从外表来判断这两个消费者购买欲望的强弱，也就无法进行单独的交易。再说，购买欲望强烈的消费者当然也希望越便宜越好，所以他不可能特意告诉卖家自己愿意花30 000日元来购买，而是跟那个购买欲望稍弱的消费者一样，表示说自己只愿意花20 000日元购买。所以，必须要有一个信号甄别的方法来对消费者进行甄选，使他们传递出购买欲望强弱的信号，从而就能判断谁是购买欲望强烈的消费者。

因此，很多企业都将信号甄别当做是一个销售策略来加以运用。

草莓这个东西大家都知道，卖家都是根据草莓的大小或者是形状好坏来进行销售。其实，草莓当然不会长得大小形状一致，只是种草莓的人在采摘草莓时进行了归类。通过对草莓大小的归类，再将个头大的草莓高价卖给餐厅等有较高要求的消费者，这就是信号甄别策略。这个策略可以将购买欲望强烈的消费者筛选出来，再将产品高价卖给他们。如果将草莓一股脑儿不加区分地采摘下来，再直接卖给消费者，那卖出的价格也就高不到哪去了。

通过产品做工的细微变化来筛选出购买欲望强烈的消费者，也是一种有效的信号甄别方法。比如很多电脑软件都有一个标准版和一个专业版，而且这两个版本的价格差的也比较多。但实际上，这两个版本的产品在成本上几乎没多大差异。还有的软件专业版与标准版的功能其实根本都是一样的。总之，情况就跟前面电视机的例子一样，商家运用了信号甄别方法，通过版本的区分，来筛选出擅长使用电脑且具有较强购买欲望的消费者。

家电产品的逐步降价销售也是信号甄别的一种。也就是说，产品刚出来时定一个较高的销售价格，是为了筛选出具有强烈购买欲望的消费者，而后面逐渐降低销售价格，则可以将购买欲望相对弱的消费者也拉进来。索尼的高性能游戏机 SP2 在 2000 年 3 月发行，当年就在全球销售了 3 000 万台，而在这一年间，厂家的建议销售价格也从最初的 39 800 日元逐步降至 29 800 日元。这也倒不是因为这个游戏机的人气在下降，而是一种持续性的信号甄别策略，通过这个持续的甄别、筛选，尽可能以高价格将游戏机卖给消费者。如果这款游戏机能再降 10 000 日元，估计我也会买一台回家玩玩。这就是以时间发展为梯度的信号甄选。

过时女装的打折销售也有信号甄别的效果。一款流行服装的诞生，其目的不仅仅是为了开拓新的市场需求，同时还存在另外一个信号甄别的意义。假设在市场需求量一定的情况下，通过新款式的流行，以筛选的方式将新款产品以高价卖给那些对流行敏感、购买欲望强的女性，此后又将该款式慢慢地降价卖给那些对价格更为敏感的女性。从这里可以看出，女装各款式的流行在信号甄别系统中占据着重要的位置。服装款式的流行其实说到底还是服装产业运作的产物。与女性相比，男性中购买欲望强的人相对来讲就比较少，所以，想通过信号甄别这个机制来筛选出购买欲强的人，似乎行不通。原因之一就是男装的流行变化并没有女装明显。年龄层越低的男性，对服装有要求的比例越高，或许十年之后，西服的颜色和材质可能每年一变，最后流行起印花的也说不定。

电力公司以及移动通信公司也采用信号甄别的手段来甄别、筛选消费者，比如在不同的时间段，服务、套餐的费用都不相同。对于那些提供服务的公司，最理想的就是在营业时客户能够以一个比较稳定均衡的数量来办理购买服务。如果公司以客户流量高峰为基准来决定公司店面的规模、店员的数量、库存以及可提供的服务数量，那么在客户流量低潮时，资源就是一种浪费；反之，如果以客户流量低潮值作为基准，客户流量高时又无法应付，最终导致客户流失。所以，公司通过这种信号筛选的方式，可以将那些没必要在高峰时来办理服务的客户过滤掉，使该部分客户在其他时间段来办理业务，从而提高企业效率。针对商务人士的商务酒店在周末的价格比较便宜，以及国际机票在周末比较贵等，都是这个道理。上街逛逛，你也会很容易发现很多店面都挂着平日特价、营业中的牌子。

通过时间段进行信号甄别、筛选的机制原本是不错的，但实际上有很多例子说明，这个做法并没有得到实施。高速公路的收费以及公交车的收费等就有着很好的信号甄别效果。如果以某个高峰期的交通流量作为建造公路设施规模大小的依据，或是当做制定某条公交路线的依据，那么就未免有些考虑不周了。因为，交通流量的大小会随道路通行费用的变化而发生变化。但是，根据日本的公路建设特别措施法，日本道路公团[①]对通行费只依照车辆的行驶距离而定，完全不考虑车辆的行驶时间段和行驶区域。而且，日本政府对高速公路的收费制度重新修正，把收费的“单一核算制”变为“统一核算制”，即通过征收效益比较好的道路的通行费用，以维持新建的地方高速公路的经营。高速道路收费变成统一核算制后，建设费用的偿还以及新的高速公路的建设都纳入体系中，这样就导致那些没有预算的设备也会因为混乱的道路收费制而通过预算，最后批准建设，形成日本不断畸形发展的道路网。日本国土交通省终于下定决心，降低提防公路线的通行费和夜间通行费，这是一个很大的进步，但是要废除这种妨碍新高速公路建设的“统一核算制”还远着呢。或许这些制度根本就不会变，因为很多人有建设新公路项目的动机。

① 所谓“公团”，指政府经营的特殊公用事业组织。日本道路公团是 2005 年 9 月 30 日以前存在于日本，主要负责收费道路（高速自动车国道及一般收费道路）建设、管理的特殊法人。英文表达为“Japan Highway Public Corporation”，简称 JH。——译者注

足球世界杯门票的出售问题，稍微有点策略性脑子的商家都知道应该逐步降价进行销售。可以先从 1 000 万日元开始，然后逐步向下降价。若是愿意花 1 000 万日元购买的话，那一般情况下肯定能买到票，但是即便足球世界杯的球迷再多，以这么贵的价格出售门票，买的人也会较少，所以票肯定有剩余。换句话说，要想买断 1 000 万日元的门票再转卖是不可能的，也就是说黄牛党的出现不可能。此后，再以每小时 10 000 日元的梯度降价。如果在价格 10 万的时候还有余票，可以再以每小时 100 日元的梯度降价。日本参赛的门票在网上都是以差不多 10 万～ 20 万的价格交易，其实价格还在降。门票之所以能卖高价，是因为门票的数量相对于足球迷数量来讲绝对不足，以 10 000 日元抛售的做法完全是笨蛋行为。

为了使大家能够更好地理解这一点，我们举一个简单的数字例子来进行说明。假设现在有三个球迷，而门票只有两张。球迷 A 是一个超级铁杆球迷，为了凑集 100 万日元来购买门票甚至不惜砸锅卖铁。球迷 B 也是一个大球迷，但是相对于 A 来讲，兴趣就没那么强烈，最多愿意出 10 万日元来购买门票。而 C 则是一个连足球规则都不懂的人，只是为了跟大家感受下球赛现场的气氛，在球票不紧张的情况下才会考虑去看看，这类人顶多愿意花 2 万日元购买球票。如果这时采取价格逐步下降的甄别、筛选方式，球迷 A 与 B 最终都能买到门票，主办方的门票收入也就能达到最高的 110 万日元。但是，如果仅仅是将门票价格定为 1 万日元，A、B、C 三人运气好才能买到票，同时主办方的门票收入也仅仅只有 2 万日元。为了举办这一场比赛，当局投入了大量纳税人的钱，在制定门票价格上毫无策略，卖出的票价如此便宜，我相信没有人会答应，只会惹来纳税者的怒骂。

这个例子到此还没完。假设球迷 A 或 B 没买到门票，他们应该会贴出大量的求票广告，说自己如何如何喜欢看这场球赛，希望有票的能够转让。如果 A 或者 B 中的某个人没买到票，那说明 C 肯定买到了一张票，而如果 C 看到这个求票广告，就会转卖球票。如果是 A 没票则转卖给 A，运气好的话 C 就有可能卖出 100 万日元。结果，A 与 B 如愿以偿地观赏到了精彩的足球比赛。但是，问题也就来了，如果 C 从一开始就有意转卖门票，那么 C 就是黄牛。此时，问题的关键点是 C 究竟是否有意识地去倒卖门票，而是用纳税人的钱来建设的球场却没能给主办方带来收入，回馈给纳税者，反而让这些钱落入 C 的口袋中。我们的确是要谴责黄牛党，但是在谴责前是不是应该为这种没脑子的做法感到羞愧。

有人会说，禁止转卖不就行了吗？其实这种做法最愚蠢。本来从技术层面来讲，转卖是无法阻止的，重要的是，如果正好 C 买到门票，因为无法转让，导致球迷 A 和 B 中肯定就有一个人无法看到这场精彩的比赛，我们不禁要问，那举办世界杯的目的究竟何在呢？

保险与逆向选择的效果

信号甄别不一定都是在有计划的状态下进行。有时筛选是在无意识中发生作用，结果导致某特定属性的人反而被筛选出局。为了跟前面所讲的有意识的信号甄别相区别，我们将这种无意识的，或者是同本来的意图背道而驰的信号甄别称为逆向选择。

你不可不知的博弈论名词
戦略的思考の技術

逆向选择：无意识的，或者是同本来的意图背道而驰的信号甄别称为逆向选择。

无意识的信号甄别即使发挥作用，也只是因为隐藏的信息得到公开而已，至少从信息接收方来看，可能觉得没有什么损失，但是，这反而是一种灾难。

逆向选择在经济问题中的典型例子就是保险。实际上，逆向选择这个词语本身就是产生于保险业中。现在就以火灾保险为例来分析一下。虽然每个家庭遭遇火灾的概率非常低，但是一旦遇上损失是非常大的。假设每个家庭遭遇火灾的概率是1%，损失为1 000万日元。现在有1 000户这样的家庭，大概就有平均10家会不幸遭遇火灾，这时产生的损失合计就是1亿日元。但是，如果每家都出 10 万日元购买保险，也就能弥补 1 亿日元的损失。从每个家庭的角度来看，如果考虑到有 1% 的概率会造成 1 000 万日元的损失，那么他们会偏好支付 1 000 万日元的 1% 来购买保险，以弥补万一灾难发生后的损失。保险公司就是通过激发你这种偏好，让你买保险。保险公司的商业模式虽然是建立在人的不幸遭遇上，但是也算是为他人着想，而促使一种经济学价值的诞生。

在此，保险要发挥作用有两个要点。第一，保险费和保险金的支付必须在灾难发生以前，即投保时得到承诺和确认。如果保险费的支付事先不确定下来，投保人在没有遭遇灾难时就有可能拒绝支付保险费；反之，保险公司在灾难发生时也有可能不支付保险金。也就是说，不能因自己平安无事就要讨回自己投保的钱，否则保险无法做下去。但是，很多人在事情发生前一般都是说得好好的，但是发生之后却又希望一切重回原样。比如贷款都已经全部如数还清，就觉得不欠担保人什么，或者是看到邻居家的房租降了，就要求自己的房东弥补自己的损失，或者是离婚了，就要求归还戒指等，例子实在太多了。

第二，必须保证每个家庭火灾发生的概率是一样的。我们把刚刚那个例子稍微做个更改，假设 1 000 个家庭中有 100 家是疏忽大意、完全没有火灾意识的人，这些家庭发生火灾的概率是 10%。于是，这高风险的 100 户家庭平均有 10 家会发生火灾，剩余的 900 户家庭只有 9 家会发生火灾。火灾发生的总损失金额就飙升到 19 户人家乘以 1 000 万日元等于 1.9 亿日元。为弥补这个金额，保险公司最低需要征收每家 19 万日元的保险费。但是，对于那些火灾发生概率只有 1% 的家庭来讲，10 万日元的保险费他们还可以接受，19 万日元可能就要重新考虑了。所以，越是风险控制好、灾难发生概率低的人，在投保时越是犹豫。风险高的这类人反而会积极投保。

总之，保险这种制度就是一种无意识的信号甄别，其传达的信号就是，风险越高的人群越会积极投保。

但是，事情还没这么简单。假设低风险的人群不投保，那么火灾发生的平均概率就会上升，这时保险费用不上调保险公司也就经营不下去。如果提高保险费，低风险人群也就不愿意投保，投保人数便减少。这种恶性循环最后导致保险也就没法做下去。这种逆向选择关系到保险事业的生死存亡。

那么，如果在高风险和低风险人群都存在的前提下，首先进行一个信号甄别，将高风险人群的保险费提高，低风险人群的保险费降低会怎么样呢？如果这种筛选可行的话，那么前面所讲的保险公司的难题也就解决了。但是，不管哪个风险类型的人，都希望缴纳更少的保险费。风险高的人不会主动坦承自己属于高风险类人群，他们没有这么做的动机。要想使信号甄别有效发挥作用，需要做很多工夫。比如，对于长时间没有发生事故的人群，在缴纳保险费时可以打折。只要是经过长时间的观察，也就能很容易判断这个人是否属于高风险人群。

虽然说只要有风险，就有保险存在的可能性。但是，由于存在逆向选择问题，保险并不是对所有的东西都能发挥作用。

对大学生来讲，将来毕业找工作也是有风险的，如果有保证就业的保险，又有哪类学生会加入呢？结婚观也随着时代的发展而变化，如今有的人也认为人不一定要结婚。如果有一种保险，在总是找不到好的结婚对象的情况下，可以降低保险费，那么究竟会有哪些人群买这个保险呢？再说，我现在写的这本书，将来出版了能不能畅销也是个未知数。如果卖不好有保险给予补偿就好了，可惜没有这种保险，显然，原因之一就是逆向选择。

银行贷款以及个人无抵押贷款肯定会设定一个最高贷款额度，其中一个原因就是如果贷款金额过大，将来要还贷款时会面临很多麻烦。其实这也跟逆向选择问题有关。假设现在金融机构贷款不设上限，那么希望借贷更多资金的人在资金上存在问题的可能性就非常高。也就是说，银行不能靠提高贷款上限，通过贷出更多的款而获取利息收入，因为这样做将会招来更多高风险的借贷者。有人说，提高贷款利率不就可以了吗？其实不然，贷款利率提高后，也会有前来贷款的企业，这些企业有问题的可能性也会非常高。因为贷款利率上升时，有实力的企业会选择发行公司债券或股票等直接融资的方式来募集资金，或者是从其他银行进行融资。

逆向选择与数据解释

要回避这种逆向选择问题不太容易，所以，对于观察到的信号、数据等，我们首先要理解其背后的逆向选择的效果，再来对其进行解读。如果能这样来解读这些信号的话，即使因为逆向选择效果而发生偏差，也能从数据中得出有用的信息。

再回到前面讲过的读者阅读反馈表的例子。我们能推断出，看完书还会写信给出版社来表达自己对这本书的意见的人无非就是这两种人：一种是真正地被该书所触动，以至于自己很想写点东西；另外一种就是时间非常充足，看完书后极想与出版社或者是作者进行交流的人。有很多回信的人都是退休的人，但是并不意味着该书的主要读者就是这类人。也就是说，我们必须明白，通过读者阅读反馈表的方式来调查阅读该书的年龄层是没什么作用的。

一般来讲，对通过调查问卷以及在街头收集的路人的意见等数据进行分析的时候，也要考虑到逆向选择的效果。假设报纸以及电视上有个人高调阐述自己的意见，我们就会产生这样一种感觉，认为这个人的意见很重要，代表着国民多数人的意见。如果随机在街头采访 100 个人，我们也会很容易就将他们所说的内容解析成为普通人的意见。而实际上，从逆向选择效果来考虑，这种看法存在诸多问题。

要做到真正随机选择人做意见采访本来就是很困难的一件事情。大部分人都不愿意去阐述自己的意见，因为第一是要花时间，第二本这个事情平时就没考虑，现在却花费精力去整理自己的意见，所以他们很不乐意被选做采访对象。即使被选到，他们也没有阐述自己意见的动机，说出的内容也都是没有什么价值的。所以，我们选择的采访对象，要么就是对我们提的问题有着独特见解的人，要么就是某一特定人群的人，谈不上是随机调查。所以，我们的确是在每本书里都夹了一张读者阅读反馈表，但是回信的人却并不是随机的。

即使随机选择能够实现，也存在诸多问题。商业区里随机选择的人也不一定就是上班族，高级社交场合附近随机选出的人也并非一定就是有权有势的人。要想正确解读调查问卷的结果，我们必须知道这些调查问卷结果究竟是通过何种方式得到的。

有的时候我们会有这种感觉，觉得从某个时候开始总有一个目光在盯着自己，好几次都目光对接，于是会想对方在发出某种信号。当然，这个信号有可能是恋爱的信号，也有可能是自己在注意别人，频繁看人家而导致目光频繁接触的结果。你可能会觉得这是无意识的客观结果，但是，请注意，任何人所见所闻的选择，其实已经反映了自己的某种兴趣所在。

山一证券和拓殖银行破产解散后导致金融紧缩，中小企业贷款难成了一个大问题。政府于是直接或间接出面给中小企业做债务担保，让银行将资金贷给中小企业。但是，得到政府担保贷款的很多企业最后还是破产了，作为担保方的政府将这种还款的义务转嫁到了纳税者身上。这种政府出面做担保给企业注入强心剂的经济学意义以及政府的责任，有必要将来做一个详细调查。从数据上看，越是得到担保的企业，倒闭的概率越高，从逆向选择来思考，这个结果是必然的：越是面临倒闭的企业，在融资上越难，所以才需要政府担保。

如果去大街上转转，就会发现街上到处都是宣传自己多么成功的广告，像什么“祖传秘方，立刻见效”、“短时间内成功减肥20千克”、“365天，每天捕捉黑马，年收益高达百万”等。看到这些广告后先不要急着去相信。任谁看到这一样的广告都会首先去想，这些成功的案例是否真实呢？我们首先可以去怀疑这些事情的真实性，因为我们不清楚这类信号的传递成本是多少。如果这些案例的确是真的，那么我们也要将逆向选择的效果考虑进去。因为，用同样的方法，有的人病没好、减肥依然不奏效、股票亏得一塌糊涂，但他们不会将这些事例公之于世。

所以，即使其中有的真的成功了，也只不过是偶然而已。用一个硬币抛10次，连续10次出现正面的概率大概是0.1%，这个成功的概率可以说非常低。但是，请注意，如果按照这个概率，那么让 1 000 个人分别去抛 10 次，其中也会有一个人成功做到连续 10 次正面。而这个成功者可能就会把自己抛硬币的方法当做是一个成功的必胜原则来加以宣传，令人无可奈何的事实是，他的确做到了 10 次连续出现正面。所以，借鉴人家的成功经验，千万不可以囫囵吞枣。

是理论还是偶然

诺贝尔经济学奖获得者罗伯特·默顿被认为是金融工程学的创始人。我在哈佛商学院留学时，听过他讲金融理论的课程，其中有一句话让我记忆犹新，他是这么说的："这个世界上有聪明的人和运气好的人，聪明的人会去称颂其方法手段，而运气好的人只会炫耀其结果。"所以，成功的确是一种偶然，但是有时确实是真的成功了。问题在于如何辨别成功是一种必然还是偶然。对于一味地强调自己功劳的人，应该警觉，实际上可以说很多人都会对这种只强调自我功劳的人产生厌恶感。

1987 年 8 月，为了去美国留学，我就只带了一个行李箱从成田机场奔向了纽约。在机场时就阅读了阿佐田哲也的《麻雀放浪记》，之后又不知道重复阅读了多少次，反正是一部非常精彩的小说。其中有一幕是小说中的主人公坊哲玩一种叫做 Cee-lo 的骰子游戏，这个游戏的详细规则且不说，简单来讲就是这个骰子是没有经过任何加工的，完全是靠偶然掷出的点数来决定输赢的简单游戏。坊哲虽然是第一次玩这个Cee-lo游戏，所以开始总是一直盯着骰子看，却迟迟不下注。他的理由是："每个人都有自己的方法，我也有，输赢的结果我不在乎。我的理论和方法说明我可以去赌一把，当然输了也认了。"所以，当有人问我为什么搞理论研究时，我也会用这句话回答他。

戦略的思考の技術

第9章 道德风险

如何控制无法看见的行动

道德风险（Moral Hazard）这个词最近在媒体上频频出现，可能跟闹得沸沸扬扬的政府给银行注资的事件有关。按照银行经营管理的思路来翻译Moral Hazard一词，可以译做经营者伦理的缺失，是经营者因自身经营判断上的错误而导致企业经营困难的现状。如果轻易原谅这种错误，就会使经营者形成一种不被追究责任的思维，最后导致企业在经营上变得散漫。

道德风险这个词跟逆向选择一样，最初是保险行业的术语。汽车投保的费用是比较大的，投保的人相对于那些不投保的人可能比较不专注于开车。同样，给自己的汽车买了防盗保险的车主相对于那些没买保险的人，对停车场的选择也就不会那么关心。这就会使保险公司一方在制定保险费时必须提高保险费用，因为投保人在买保险后不会对自己投保的物品太过于关注。最糟糕的情况是保险公司根本无法维持这个保险体系。总而言之，有保险反而招致了一些不注意驾驶、违反道德等行为的产生。我们也可以称之为“道德危机”，可能跟咱们平时所理解的道德一词有点儿不一样。

这些问题的本质，并不一定在于人们所持有的道德和伦理。不能把经济问题都归结到伦理或者是道德问题上来。买保险的人因为在买保险后会得到安全感，使其在行为上不再那么谨慎，但并不能说明此人就怀有恶意。

如果用策略性思考的语言来描述，道德风险问题应该这样理解：信号甄别、逆向选择等问题，是我们在对对方的偏好、性质等信息不了解的情况下，通过观察对方的行动来探求其内在隐藏的信息；而道德风险问题，是指在我们即使知道对方的偏好、性质等信息的情况下，却因为不能观察到对方的行动而产生的问题。

因无法观察对方的行动，而导致发生对自己不利的事情，这一过程的发生是这样的：对方承诺做对我方有利的事情，而我方也给对方承诺做此事的一个动机。也就是说，事先缔结这个协定对双方都是有利的。但是，如果无法知道对方是否会忠实地执行其所承诺的行动时，那么我方给予的一个动机也就根本没有发挥作用。道德风险问题就是，虽然能使对方承诺某个行动，并且这个承诺符合双方的利益，但是因为很难去检验这个行动是否会被忠实地执行，最后导致契约无法缔结，双方的利益也难以实现，或者不得不采取其他没效率的做法。

道德风险问题是一个非常具有策略性的问题，必须通过策略性思考来进行理解。如果经营者做出违反道德的行为，我们有理由相信经营者肯定有这么做的动机。也就是说，问题的本质在于导致经营者做出此类行为的动机。而且，只要这个动机的结构不发生变化，问题还会重复出现。道德风险问题，在策略性环境中属于信息与动机问题，银行以及总承包商的经营问题都是典型的例子。对于这些问题，即使通过所谓的正确伦理观、道德观方式来进行教育，使其回归真善美，或者是干脆让这些经营者打坐信佛，或是让他们去学习伟人的书籍语录以及胸怀等，都解决不了问题。把社会经济问题上升到伦理、习惯等层面来进行理解是非常危险的。请不要忘记，历史曾多次对这种表面上的正义感、伦理观进行过洗牌。

契约中的道德风险

为了使大家策略性地理解道德风险问题，我们可以来比较以下两个情景故事。

● 情景一：早上上班，刚到车站才想起装满了厨房垃圾的垃圾袋还放在公寓的大门口。现在天气正酷热难当，就这么放一整天的话，垃圾袋里的臭气全都会飘出来。公寓旁边住的邻居是一个学生，今天不上课，于是想打个电话让他帮忙把垃圾袋扔到垃圾场去。但是，想到这个学生平时好像挺冷淡的，再说垃圾袋里装的垃圾又脏又臭，于是就很怀疑对方是不是愿意帮自己的忙。犹豫半天，最后还是决定立即回家自己处理，但花20分钟时间回家处理完后再回公司已经迟到了。

●情景二：晚上有派对想去参加，但是家里养了宠物狗，需要每天带出去遛弯。于是就想是否可以让隔壁邻居一个学生帮忙遛狗。但是，平时自己遛狗大概要走上10公里，就不知道他是否也会带着狗遛上10公里。思来想去最后还是放弃去参加派对。

这两个情景故事虽然很相似，但你有没有发现它们其实有本质的区别。情景一中的人，其实没有做到策略性的思考。的确，让别人帮你去扔一个臭气熏天的垃圾袋的确有些强人所难。别人再有空，我们也不能幻想着别人一定会主动帮你扔掉垃圾袋。但即使如此，在这种情况下，如果自己需要花上20分钟的时间成本折回家处理，是否可以想办法让那个邻居学生产生帮你扔垃圾的动机。比如，帮忙扔个垃圾，回头买瓶啤酒犒劳下。一瓶酒就能让自己不必回家也不会上班迟到，何乐而不为呢？而在家没事干的学生稍微帮你扔下垃圾就能得到啤酒那也不赖。所以，在这个情景中，稍微策略性地思考一下，就能定下一个使双方都受益的约定。

在情景二中，假设我们也给那个学生一瓶啤酒，那么那个学生也会乐意带着狗遛上10公里。学生的动机是，要是能有一瓶啤酒，那带狗出去遛遛也不错；主人的动机是，只要帮我带着狗出去遛上10公里我也乐意给你一瓶啤酒，这是双方都乐意的动机契约。但是，与前面的扔垃圾袋情况不一样的是，这个学生究竟有没有带着狗遛上10公里无法验证。可能学生只带着狗走了几步路，甚至压根儿就没有带着狗出去，回头还跟你索要啤酒。所以，让别人帮忙遛狗并以啤酒答谢的做法不太行得通，派对也就去不了了。正是因为策略性思考，使得本来可以通过等价交换的约定，可以通过互助使双方都受益的机会白白流逝，这就是道德风险问题。

值得注意的是，即使学生是一个非常有道德意识的人，并且有遵守承诺遛狗10公里的意识，问题也不一定能得到解决。因为无法知道学生究竟有没有遛狗，即使学生传达出我会去遛狗10公里这个信号，并且主人给出了“你帮忙遛狗我就给你啤酒”这个动机，对于学生遛狗这件事，在双方之间也无法成为一个可信赖的承诺，这点才是问题的所在。所以，道德风险，指的并不是字面上的“道德”，而是无法观测、无法看到的事情的动机问题和承诺问题。这个动机很难给出，这个承诺也很难值得信赖，因为对方的行动无法观测、无法确认。这两个问题交织在一起就形成了道德风险问题。

本来这种事情拜托对方来帮忙完成符合双方的利益，但是由于事后无法知道对方是否会完全按照自己所指示的内容去做，从而导致自己不得不亲自去处理，或者是监视对方的处理过程，以至于浪费不必要的精力，这是道德风险问题的典型事例。比如，公司收到某顾客对产品的投诉，于是打算让负责该产品的下属去跟客户道歉。但是，下属究竟会怎么去跟客户道歉，自己无法观测到，最后没办法还是自己抽时间去道歉。再比如在工作中，由于不知道新招的人是否能按照指示把工作真正做好，最后只能自己对对方所做的事情一个一个去确认。又比如食品，有的人对吃的食物比较讲究，蔬菜坚决只要有机作物，买来的蔬菜究竟是不是有机作物很难确定，也没办法自己亲自栽种蔬菜，这都是道德风险问题。

有的人在意自己恋人的一举一动，在外出差也要不停地打电话。昔日美国职业棒球大联盟的明星球手约瑟夫·保罗·狄马乔，就过分疑心自己的妻子玛丽莲·梦露，拍戏时他也要跟在屁股后面，这也是道德风险问题。

消除道德风险的动机契约

如果想解决道德风险问题，有效的做法就是利用动机契约，给对方一个动机使得对方愿意去采取这个行动，即使这个行动是看不见的。但是，由于你所希望对方采取的行动无法直接观测到是否被执行，所以无法指望通过一个等价交换的形式给予对方愿意去采取行动的动机。作为动机契约的评价对象，达成的成果虽说必须是可观测的，但是成果本身不一定就是我们希望对方所采取的行动，这就是问题的困难之处。

回到刚才情景二的例子中。如果给学生多送几瓶啤酒，的确学生的动机会增强，但是道德风险问题依然得不到解决。因为不管你给他买多少啤酒，我们依然无法观测出他有没有遛狗。对于遛狗这种无法观测的事情，其所支付的啤酒，并不能促使对方产生遛狗的动机。所以，如果双方缔结某个契约、约定，使对方真正有动机去执行，那么给他的等价报酬必须是基于双方都能看得见的某个成果。比如，那个学生说他遛了狗，那么回到家时，不妨和那个学生一起把狗放出来，如果狗不想出去，而是往家里钻，那么你大可以放心地将啤酒送给那个学生。

这个契约有三点非常重要。第一，把狗放出门后，它会不会往家里跑这个事情，要与邻居学生一同确认。如果只是你一个人去确认，学生不在旁边看着，即这个学生观测不到行动，道德风险问题就转向了你这一边。“可见成果”必须是当事人同时可以观测得到的东西。

考试考高分并不是学生学习的目的。有些人并不太理解考试究竟是为了考察我们什么，考高分又意味着什么。其实，考试的分数，就是老师、家长、学生都能观测得到的成果。而且，分数的高低与学生的努力程度又是密切相关的。所以，如果考试考80

分以上，家长就给你买游戏机，考50分，老师就不给学分等，这种契约就是一种解决道德风险的动机契约。但是，如果说你努力了我就给你奖励，或者是你好好学习了就给你学分等，这类动机契约其实就没什么效果，也无法消除道德风险。因为努力、奋斗、好好学习这样的东西，可能学生本人的确是这么做了，但契约当事人并不能观测到。

糗事当然自己得捂着，风光的事情谁都愿意让别人知道，这是人之常情。所以，如果动机契约成果与报酬相挂钩，而成果却又不能完全被观测，那报告人肯定会把不好的成果隐藏起来，结果你看到的都只会是好的成果。

第二，啤酒作为报酬，究竟给还是不给的判断基准不应该看学生是否遛了狗，而是看狗是不是往屋里跑。如果狗往屋里跑，在主人看来，还要遛狗，但是学生却不一定这么认为。再说，有一点需要注意，主人要是承诺如果你遛了狗，我就给你啤酒，那么学生就会产生不遛狗的动机，并坚持这个观点。还有，如果遛没遛狗全靠你来判断，由你说了算，那么这个契约几乎没用，学生担心做了事却拿不到报酬，最后干脆就不遛狗了。

所以，要想消除道德风险，在动机契约中必须有个客观的判断标准，用于判断该成果是不是值得获取相应的报酬。为了减少乱扔垃圾的现象以及进行资源回收，可以通过一个有效的动机契约来实现，比如自动归还空罐、空瓶将获得一部分金钱奖励。但是，如果一个动机契约只是说自行收拾好垃圾便可以获得金钱奖励，那这个契约有无效果就很难说了。因为，自动将空瓶罐归还这个动作，是可以观测的一个成果，而自行收拾这个动作，是看不见的。相同的例子还有，让孩子整理房间时，很多家长都只是对孩子说把房间整理到干净为止。这个做法其实缺少策略性思考。因为房间整理的干不干净都是父母说了算，叛逆期前的孩子还听话，父母说是什么就是什么，而进入叛逆期的孩子，一听到父母这么说肯定就能感觉到父母的这个要求存在问题。

在设定客观的判断标准时，一个有效的方法就是利用没有直接利害关系的第三方。企业每年必须接受会计师的审查就是一个例子，目的就是通过一个客观的尺度对企业的成果进行评价。现代经济社会中，对成果进行终极客观评判是法院的责任。换句话说，法院的审判处理能力低下，就意味着有效的动机契约会不断减少。

第三，即使学生信守承诺遛狗，但是回家后在成果鉴定过程中，狗有可能还是会往外跑。大家都希望评价契约中规定的行动，能完全转化为看得见的成果，但是这种成果的标准其实并不总是存在。换句话说，遵守承诺和没遵守承诺的人可能被同等对待，而遵守承诺的人，有时也可能没有被公平对待。成果报酬契约，因为存在结果平等的双重标准，所以也无法得到保证。这种可能性的存在，使得动机契约的当事人在不能理解所有事情的情况下，不但不能消除动机契约的道德风险，还会增加当事人之间的不信任感，极易使问题恶化。

如今流行的成果主义薪资体系，其目的就是通过优待对公司发展做出努力的员工，激励员工拿出干劲，这样就能提高劳动生产率，从而给公司发展带来活力。如果对于这种看得见的成果，没有相对应的薪酬、升职与其挂钩，成果主义体系也就没什么用。结果，只是产生了薪水的差别，没有任何意义。不仅没意义，还容易导致员工有种被歧视感，进而挫伤员工的劳动积极性。如果绩效工资的评定只是来自于人力资源部那些暗箱操作的结果，又或是公司老总的命令，那么道德风险根本就不可能消除。

如果引入成果主义，就必须要有测定成果的标准，该标准包括销售业绩、营业业绩等可进行量化的客观指标，以及测量企业目标达成与否的定性指标，并且光明正大地公布与这些指标相挂钩的薪酬制度。如果对于这些相挂钩的规则，绩效工资的审查方与被审查方没有达成一致，成果主义不仅毫无意义，还会招致道德下滑。虽说年功序列制度现在产生了制度疲劳现象，但是，在这种工作与成果暧昧不明的企业文化价值观中，毫无变动引入成果主义是非常危险的，但并不是说成果主义就无法融入日本式的这种通过双方协商来做决定的组织系统。要使得成果主义在日本发挥作用，还得靠劳资双方能够达成一致。在成果主义中，还是更加强调上级和下级之间意见交换和反馈的重要性。

成果主义动机契约的例子

通过对看得见的成果给予报酬或惩罚以消除道德风险的例子有很多。

汽车保险中就有这样一个折扣制度，如果车主在很长的一段时间内无事故驾驶，保费就会逐渐降低。很多人以为这个做法是对车主的一个奖励，从策略性思考的角度来看，其实这还不够正确。无事故驾驶只是一个过去的事实，保险公司真正在意和关心的是，车主将来会不会注意驾驶以避免事故。从消除道德风险的动机契约的角度来看，车主究竟有没有安全驾驶，保险公司无法直接观测出来，所以，对于安全驾驶所带来的直接好处，即无事故这一看得见的成果，保险公司通过以后对缴纳的保费打折的形式给予车主回报，这才是这个制度的用意所在。也就是说，关键点在于，只要车主保证将来没有驾驶事故，保险公司承诺以后缴纳的保险费可以逐渐降低，而对于无事故驾驶的车主给予其他额外的奖励其实都是无意义的。

有的人遭遇不幸而丧失偿还能力以至于破产，破产的人通过《破产法》可以清算债务。简单来讲，通过破产，可以将无法偿还的债务一笔勾销，破产就是一种合法消除借款的制度。我们通常都认为，欠债还钱是天经地义的事情，但是从策略的角度思考，通过《破产法》来保证破产人享有的权利，有着相当重要的意义。极端的例子如，有这样一个制度，规定还不了债就必须以死谢罪。如果这样的话，那么敢借钱的人要么就是胆大不怕死，要么就是对未来的风险一无所知。即使是现在都习以为常的住房贷款都将不复存在，因为会有很多人因怕死而不敢借贷。运气不好而导致破产时，如果没有一个制度给予破产人某种程度的宽恕，那么借贷、融资等最基本的经济活动也将会停止。

但是，恰恰也是这种破产制度，成了道德风险的源头。因为导致破产的行为，借贷方大部分情况下是无法观测的，申请住房贷款的人开始其实并不存在道德问题。所以，要防止道德风险，必须要引入某种成果主义动机契约。金融机构在借贷放款时，会逐一查看借款企业的业务报告，并且会在契约上注明只要借款企业每月的偿还稍有滞后，金融机构就有权利全额追回贷款。这种对借方设定的可观测成果的惩罚性规定，目的就在于消除道德风险。

创业者在通过风险投资筹集资金时，也会产生道德风险问题。创业的成功，起初的商业理念和规划当然很重要，但是，更重要的是创业者为实现这个规划而付出的心血。可是，创业者究竟在做什么样的努力，投资者是无法观测的。所以，对于风险投资企业，投资者都会要求创业者自己在企业中注入一部分资金，缔结企业利益与创业者的收益息息相关的契约。同样，企业经营者的薪资不与企业的利益相挂钩，也会产生道德风险问题。所以，为消除这个道德风险，企业就给予经营者一部分公司股份，或者是给予对方购买公司股票期权的权利。

政府机关铺张浪费也是道德风险的一种表现。原因虽然跟公务员节约的动机不强有关，但是问题的根源还在于对公务员工作成果的评价以及跟这些成果相关的报酬体系没有建立起来，而不仅仅是公务员的道德问题。

大家都知道租房一般都要交押金。由于不是自己的房子，租客保养房子的动机也就很弱。押金的策略性作用就在于同租客签订了一个动机契约，如果租客能够好好使用房子，没造成什么破坏，那么对于这个好的成果，契约到期时，押金便可以全额返还。这个全额返还就是房东以一个报酬形式回应租客。可惜的是，对房子的保养程度，客观上很难评价，于是就出现了押金返还的主动权完全掌握在房东这一边的情况。但是，仔细想一下，如果房东能够将客观评价房间保养程度的方法写进契约中，应该会有更多的人对租房感兴趣。这就像遛狗的例子一样，契约中规定好报酬取决于狗会不会往家里跑这个客观事实。换句话说，如果房东任意扣压押金，那就会减少人们对这个房间的兴趣，最后房东也就不得不降低房租。

成果的选择与评价的客观性

为了有效地消除道德风险，动机契约中应该如何选择成果、又如何对这个成果进行评价是个大问题。

前面已经阐述，成果必须是可以进行客观评价的，但并不是任何可以观测的成果都可以缔结有效的动机契约。我们来看看棒球和足球等这类专业体育团队的动机契约。第二年签约时，很多指标可以作为薪水谈判基准，比如一次全垒打能奖励多少等，选手达成这些指标，第二年的薪水就能上涨，但是这些指标的选择以及基准选择很明显会对动机契约的效果带来很大的不同。如果第二年的薪水仅仅由球员的进球数所决定，那么职业足球可能就无法成为一种游戏了。

家长为了鼓励孩子好好学习，考出好成绩，一般采用给予金钱、奖品等方式。效果上，的确可以使他们增加学习时间，也能考出好成绩。但是要注意，这种契约动机，会使得孩子在意识中形成条件反射式的学习、以考高分为目标，从而失去了读书、学习的真正乐趣，这是非常危险的。因为成果本身并不是目标，所以对于成果的选择必须要注意。

每年年底时，很多地方的道路施工单位都突然赶着施工，其目的就是为了消化预算，这种现象由来已久。不仅仅是工程上，很多组织单位都在年底赶着消化预算，这就是某种成果主义导致的结果。比如，一般组织单位在进行年度结算时，当年的预算使用程度是可见成果的评价标准，并且通过这个预算消耗程度来反映下一年的预算分配。于是，在这种成果主义体系下，任何组织单位都很明白，有利的做法就是尽量地消化自己所获得的预算。

预算的消化的确是一个看得见的成果，然而，这个成果与本来所希望的行动没有必然联系。

从这些例子我们可以发现，如果过度强调客观性的可见成果，就会导致自己忘记本来真正需要的行动等关键性的东西。在现实中，目标行动要得到客观评价是一个大难题。比如，在体育运动中，进球的数量等这些对胜利的贡献有直接关系的指标可以作为评价标准，但是在职场中，就很难测量个人的成果究竟有多大。

作为成果主义体系的一部分，现在很多企业都在企业内部实行FA制度[①]。奥林巴斯光学工业公司的职员在上司的批准下，可以在其他部门寻找自己想做的工作，并在公司内部网站上注册求职。三洋电机公司也规定，某部门在职两年以上的管理人员如果对当前所在部门职位或者是薪水不满，可以向人事部做FA宣言，说明自己的目标年薪。人事部会将该信息在公司内部公开，其他部门如果对该员工感兴趣可以同其接触。这种FA制度的要点，就是该员工的工作以及能力在公司内部的价值根据市场原理来决定。如果本人为公司做出了杰出的贡献，自然就会被其他部门看中，他的价值也就会更高。相反，如果这个贡献谁都能做到，他的价值也就会下降。总之，企业

① FA，是Free Agent的缩写，来源于日本棒球人事制度，在棒球圈里的意思是指自由球员身份的球员，可自由选择转队去处。——译者注

内部的FA制度是一种能够测量个人努力程度与成果的客观及有效的手段。

道德与长期承诺

前面已经说过，在进行策略性思考时，道德风险问题的本质在于，对无法观测的行动进行的承诺其实无法成为可信赖的承诺。但是，如果契约双方本来就具备信任关系，那么一般只要双方做出承诺，道德风险问题就不会发生。比如前面遛狗的例子，双方只要关系好，随便跟对方说下帮忙遛个狗，回头请你喝酒之类的，一句话也就摆平了。

道德风险问题，其根源就是因为行动无法观测所产生的对承诺的不信任。虽然每次的行动别人无法观测，但是只要坚持下去，就能获得被信任的成果。而只要具备维持该成果的动机，间接性的动机契约就能发挥作用，道德风险问题也就得以消除。

这样，我们就不难理解，那些对食材精挑细选的百年老店，以及坚持使用无害肥料种植蔬菜的农家，为什么生意能够做得这么长久，就是因为他们都在不断坚持自己的经营原则，从而取得客户的信任，与客户维持一个长期的间接动机契约。这时即使偶尔有些食材偷工减料，立刻被发觉的可能性也很小，蔬菜地里一两次使用了化学肥料立即在蔬菜上反映出来的可能性也很低，这些都是因为道德风险所产生的但却又不可观测的行动。当然，如果店铺里总是偷工减料、用劣质食材，老顾客终究会觉察到味道不正宗，化学肥料用多了也有被查出的一天，这些事件一旦暴露出来，便会导致顾客大量流失。然而，如果商家长期坚持自己产品的优良品质，那么对于这个成果，顾客就会购买你的产品作为回报。

从顾客的角度来看这个问题，顾客的策略可以运用第4章里所讲述的附加条件惩罚策略来思考。附加条件惩罚策略在对方违反契约的情况下要给予对方惩罚才能发挥效果。如果食材的品质下降、料理的味道变了，顾客不给予惩罚、不以拒绝购买商品这一方式来进行对抗，店家是不会产生提高并保证产品质量的动机的。百年老店的“美味”口碑，是靠着顾客的“舌头”树立起来的，如果他们感觉味道不对，他们就会忠实地运用他们的策略给予商家惩罚。长年的人际关系以及生活习惯形成的对某一产品、服务的依赖，反而成为道德风险滋生的温床。如果产品给顾客带来了不对劲的感觉，那么顾客就应该舍弃它而转向其他店。对于道德风险问题，很多人都强调这是商家的责任：他们背地里暗箱操作，使用不好的原料才导致品质问题的发生。但不要忘记，如果顾客、使用者用严格的眼光来要求商家，这种问题也就不那么容易发生。

我们来分析下购买新房的例子。对一个外行来讲，他们无法知道施工单位是否完全按照设计要求使用建筑材料、完全按照图纸来建造房子。低端蒙人手法暂且不说，有的人偷工减料做得比较巧妙，连行内人都很难辨别。而且，房子究竟有没有按照要求建造，要过5~10年才能判断出来。到那时，房子出现问题，究竟是施工单位违反建筑合约，还是因为房子经过年月变迁自然发生的现象，必须仔细分析后才能确定，但这么做都是不太可能的事情。所以，像这种在建造时无法观测，建好之后也无法立即观测结果的住房建造行为，也是道德风险问题产生的温库。一方面是心术不正的建造者偷工减料，另外一方面是监理方对偷工减料的事情不放心，于是天天来工地上监视，这就是建筑行业的道德风险问题。

根据日本2000年4月实施的《住房品质确保促进法》的条款，新建造的房子在交付后10年内，如果发现房屋的基本结构出现问题，施工单位有义务对该房屋进行免费修复并做出赔偿。人们希望通过该法律来确保新建造房屋的品质。只是，消除这种道德风险的法律究竟有多大效果不得而知，毕竟有义务并不等同于确保这种义务。回想下遛狗的例子，在消除道德风险的动机契约中，利害双方必须是同时都能客观地对事实进行确认。对于难以观测的结果，如何设定一个客观的判断标准才是本质问题。现在，购买住房的人毫无疑问是对建筑一窍不通的外行人，而法律规定的标准，是外行人无法客观地进行确认的事项，这样道德风险也就很难消除。

再谈动机契约

前面已经讲过，成果主义动机契约也意味着，在评价看得见的成果时，即使对方采取了自己所希望的行动，但却因没有达到想要的成果，他也就不能得到报酬。行动无法进行观测也实属无奈，但是把能否出成果这个风险转移给采取行动的一方才是最重要的。其中可能不乏喜欢冒风险的奇人，但是大部分人都是尽可能地去规避风险，所以，要认识到，在动机契约中采取行动的一方所负担的成本也会增加。为了给对方一个努力的动机，在做出成果后加薪时，必须将承担风险的成本估算在内。

我们通过一个简单的例子来证实这一点。假设公司的收益增长取决于某个职员的努力。如果这个职员努力，那么公司最多能增加100万日元的收益。假设该职员的基本工资是10万日元，如果能再给他10万日元，他就会真正去努力。

如果努力这个东西能观测，问题也就很简单了，公司可以通过成果主义的工资体系，对努力的员工加薪10万日元，道德风险问题就不会产生。另外一个方法是，如果努力肯定可以带来100日万元的额外收益，那这个问题还是很简单，只要达到了100日万元的额外收益，公司可以通过奖励性的工资体系，在基本工资的基础上追加10万日元的奖励。

问题在于努力是无法观测的，再说即使努力了，有时公司也不一定能获得100万日元的额外收益。假设，努力了且能达到100万日元额外收益的概率是50%，达不到的概率也是50%。此时，如果采用第二种工资体系，即实现了100万日元额外收益就给10万日元奖励这一做法，无法给予员工努力的动机。因为，员工只有50%的概率获得这10万日元的追加奖励。所以，这种工资体系的前提是要员工达到了100万日元的额外收益，才有追加工资，如果这样，员工最后还是不会去努力。

假设现在不是10万日元，而是变成20万日元的追加奖励，情况会怎么样呢？如果是这样，努力加上运气能得到20万日元的奖励，努力了运气不好的话就是0，平均一下就是10万日元。但是员工是否愿意承担这个风险呢？如果每个月多给10万日元，这个员工是肯努力的，但是现在的工资体系变成了每个月努力了却有可能得不到奖励，虽然平均每个月能获得10万日元，但是较之于前者，该工资体系还很难让员工付出努力。

但是，如果没有业绩也给加工资的话也没有用。因为，即使员工不努力也能涨工资。所以，我们就能明白，如果要想使员工努力工作，就要承诺如果做出了成果就给20万元的奖励，平均工资是10万日元，保证员工承担的风险必须要有回报。总之，对于那些在10万日元奖励下会努力工作的员工，就要跟他们承诺每月平均10万日元以上的奖励。

这样一来，员工的风险就消除了，但是，是不是就意味着所有的事情都解决了？答案是否定的。就比如前面的例子，假设员工努力后有50%的概率获得30万日元的奖励，那么他就会去努力。企业的额外收益，假设不再是100万日元，而是25万日元。如果员工的努力能观测到，那么如果努力了就承诺给10万日元，员工努力后就有50%的概率获得25万日元的额外收益，即使多给了员工这10万日元，平均来讲企业还是有收益的。但是，如果努力无法观测时，根据成果主义又必须给予工资奖励，那么在最后达成业绩时需要支付30万日元的奖励。也就是说，对企业来讲，还不如不给对方努力的动机。总之，如果努力可以观测，即道德风险问题不存在，公司可以通过让员工努力工作来提升业绩。否则，只要存在道德风险问题，企业业绩便无法提升。

第三部分 戦略的思考の技術

策略性解读身边的经济学

第10章 价格竞争

价格战

麦当劳半价销售汉堡引发的价格战，很快就蔓延到了牛肉饭上。2001年4月，麦当劳在日本的最大竞争对手吉野家，在限定期间内将牛肉饭的价格降到250日元，致使快餐食品的价格竞争进入白热化阶段。2001年下半年虽然因为疯牛病的盛行与汇率走低的影响，牛肉饭价格一泻千里，但是此后2002年快餐食品仍然便宜到只有200日元一盒。现在回想起当时的汉堡和牛肉饭价格，简直就有一种恍如隔世的感觉。

现在一般家电产品的定价销售基本上是形同虚设，没有消费者会以厂家在广告中所宣传的建议零售价格去购买家电产品。各大家电产品销售店都围绕着在厂家建议的零售价基础上打多少折扣而激烈竞争。而且，现在越来越多的厂家也已经不再指示产品的建议零售价。索尼公司从2001年4月1日开始，不仅对低价产品，对其他所有的家电产品都已撤销了厂家建议零售价。东芝也一样，2001年开始逐步撤销了所有的家电产品建议零售价。

这种价格竞争对消费者来讲当然是喜上眉梢，而对那些相互竞争的企业来讲可就没那么高兴了。虽然价格降低需求会增加，可以增加整个产业的销售量，但关键性的产品利润率已经被压缩得非常低。可是，为什么企业要割肉降价来打价格战呢？为什么有的时候却没有发生价格战，各企业都成功维持着差不多的价格？

需求量低迷时，产品价格就会下降，这是经济原理之一。很多情况下，价格的低迷都是由于需求量的低迷所导致的。但是，刚才的那个例子中，价格急剧下降并不是说需求量在短时间内急剧萎缩。生产成本的下降也是产品价格下降的重要原因，但是，价格战是突然就发生并且白热化的，所以，这个说法讲不通。同样，以需求剧减或者是生产成本短时间内剧降作为解释也没有说服力。

1994年4月，日本加油站的普通汽油平均价是每升121日元（价格数据来源于日本石油信息中心），而在1997年12月价格是每升99日元，3年半时间每升汽油便宜了22日元。这段时间，原油的价格由于汇率原因，每升上涨了6日元，所以并不是生产成本的降低导致汽油价格下降。而且，每升汽油需要缴纳除消费税以外约53日元的燃料税，所以实际销售价格由70日元降到40日元，差不多降了四成。汽油价格下跌，证明了加油站之间确实在进行激烈的价格战。

瓦楞纸箱是我们现代日常生活中一种应用最广的包装制品。

制造这种纸箱用的瓦楞纸的价格一直就很低。到2002年5月，从两年的价格变化中可以看出双面瓦楞纸的批发价格从每平方米约35日元降到了28日元。另外，瓦楞纸的制作材料原纸价格虽然也一直走低，但是在2001年年底上涨。假设在这种情况下，买家需要这种纸箱来包装他们的产品，这样，纸箱生产厂家为了满足买家的要求，拿到订单，尽管原材料价格在上涨，他们也不得不进行降价竞争。

像这种在短时间内发生价格竞争的事情，需要对其中千丝万缕的关系进行思考才能理解。为什么企业突然就陷入降价竞争的境地之中，为什么之前的定价无法维持下去，这就是策略性分析时提出的问题。这个问题的关键词就是对价格的一个策略性承诺。从这个角度，我们来思考一下价格竞争的问题。

价格维持的承诺

有人认为竞争对手多的时候，价格承诺就更困难，这个结论过于简单。假如自己承诺维持一个高的价格，而竞争对手也承诺维持一个高价，此时，只要自己改口放弃这个承诺，稍微降一点价格，那么就能抢占竞争对手的客户。换句话说，如果有个潜在的价格竞争对手，而且对方有增产的空间，那么即使对方根据惯例或者是口头约定维持高价格不变，这个承诺也是不值得信赖的，很容易就会违背。也就是说，对于有增产空间的某企业的价格维持承诺，不能凭空相信，正是因为如此，才会有很多企业拼命地进行价格竞争。

但是，并不是所有的企业都会发动这种价格竞争。这些具有竞争关系的企业，在想尽办法通过各种形式来给竞争对手传达一个可信赖的价格承诺，即使是不得已最终爆发价格战，在价格战之前，也存在过一个维持价格的可信赖承诺环境。

做出一个可信赖的价格承诺最直接的方法就是，实施价格管制。定价销售就是代表性的例子。厂家强行对价格进行管制，零售店也就能很轻松地承诺这个定价。出版物的再版制度等就有法律进行保护，保证其价格承诺。投标商谈共谋和价格卡特尔企业，就是试图通过商谈和订立协定来做出价格承诺统一价格的。

必须要注意的一点是，如果产品利润高，就会招致许多竞争者进入这个市场。也就是说，通过价格管制保证目前产品的高利润，会引来其他企业生产该产品参与竞争。本来通过价格管制而实现价格承诺的做法，最后反而刺激其他企业生产产品参与竞争，从而为价格战的发动埋下伏笔。价格管制松懈的节点就是价格战爆发的时刻。

日本就业人口中有10%以上都分布在建筑行业。即使在幅员辽阔的美国和澳大利亚，这一比例也不过是

5%~7%左右，不难得知日本的劳动力分布偏差很大。其实这种情况与建筑行业里经常发生的内部商谈共谋以维持价格的做法有关。由于建筑行业有着巨大的剩余生产力，投标的透明度增加，建筑行业里的价格管制越来越难，这意味着激烈的价格竞争即将开始。工程总承包商的利润要想短期内回到正常水平是不太可能的。

目前日本瓦楞纸行业已经有很多家企业。光是从瓦楞纸的生产到加工的企业就超过300家，然后购买这种瓦楞纸用于制造包装用纸箱的企业全日本多达3 000家。之所以有这么多企业存在，其背景就是因为多数企业一直在相互承诺维持高价格，使得他们能获得足够的利润。瓦楞纸行业的内部商谈共谋历史由来已久。这种正当化的商谈共谋体制，是中小型企业为了生存必不可少的“坏手段”，在这一行业长期存在。日本从高速发展期到20世纪80年代中期，瓦楞纸价格持续上涨。在此期间，该行业一直保持着人为地操作高价格承诺的制度。直到1987年9月，日本公平交易委员会介入调查后，业界最大的“联合”公司才放弃这种领导性的商谈同谋体制。领导的方针变更，也意味着商谈共谋时期的持续增长的生产力过剩，导致瓦楞纸行业的价格承诺可信性降低。

价格管制废除的预判效果

由政府做出的各种销售管制，也会间接地强化价格承诺。

这一现象可以从管制撤销后价格承诺的信赖度降低，进而导致价格战爆发的案例增多得知。

曾经有段时间，一种能量饮料只能在药局、药店才能买到，售价超过200日元。1999年销售管制放松后，效果较稳定的能量饮料也可以在超市、便利店销售。销售管制放松的初期，各生产厂家对超市、便利店销售该产品持批评态度，我们也可以将这个信息理解为厂家其实是想维持他们原来的价格。而实际上，随着销售管制的放松，各企业都投入生产低价格的产品，现在便利店里到处都是价格才150日元的能量饮料。

汽油价格战的爆发，也是从政府的价格管制废除开始的。第二次世界大战后，政府主导着原油的进口、精炼以及销售等整个过程，并一直维持着石油精炼企业、生产企业的寡头体制。但是，1996年日本废除了《特定石油制品进口暂行条例》，使汽油等石油制品的进口自由化，贸易公司等也可以进口石油，这导致石油精炼企业和生产企业的策略性环境发生巨大变化。由于生产低价格产品的新企业进入这个市场，使得寡头企业之间一直维持的价格承诺岌岌可危。

其实，价格管制的废除决定在公布之前，就已经开始发生作用。公共交通以前是一个典型的管制型行业。随着日本旧国有铁路的民营化，价格管制也逐步放松。2001年，巴士公交业务也开始自由竞争，根据2002年2月实施的修正《道路交通法》，规定出租车、巴士公交可以自由进入或者退出市场。就连乘车资费的设定也做出更改，允许各个企业在一定范围之内，自由决定乘车费用。修正《道路交通法》实施后，廉价的长途汽车服务越来越多，而巴士公交的降价，是从2000年中期开始的。那时很多地方性公交公司对高速公交进行降价，市内交通统一实行100日元票价等。2000年12月，东京至大阪的低价夜行巴士“青春梦想号”开始运营。同时，很多民营公交公司在2000年都大胆实施运营效率改革和内部结构改革。

这些举动的策略性意图有两点。第一，这是在向未来的竞争对手显示、承诺自己的价格具有很强的竞争力，即使对手将来想进入这个市场，我们还能进一步降价。如果这个承诺能让对手相信，新的市场进入者认为自己贸然进入只会引来价格竞争而无法获得利润，于是就放弃进入市场。也就是说，对于曾经因价格管制而受益的企业来讲，为了应对将来价格管制放松后进入的新竞争对手，现在就应该采取行动，先发制人，进行降价，这比价格管制撤销后再去跟新竞争对手竞争要更容易。第二，通过使用锁定策略来固定自己的客户。在竞争发生之前，通过对目标层客户进行笼络，这样不仅在于其他巴士企业的竞争中，而且在与铁路、航空等企业的竞争中也能占据有利位置。特别是现在的年轻人，即使不久的将来随着他们收入的上升，更有机会和条件使用其他高价交通工具，但通过目前的锁定策略，也有可能使他们一直执著于乘坐公交巴士。

这样，即使价格管制废除后新的市场竞争者没有进入这个市场，但是这种管制放松后的效果已经显现了。石油交易自由化的例子也说明了这一点，到目前为止虽然没有发生大规模的市场竞争者进入石油行业，但是汽油的价格的确已经下降。日本现在已经制订方针，大型的电力销售已经自由化，将来面向家庭的小额电力销售也会自由化。安然公司曾经在电力行业中有着巨大影响力，但在2001年破产后，电力行业也没发生大规模的市场进入现象。即使如此，东京电力等既存的各电力公司已开始调低电力价格。

只是，与民营交通企业对自由化的反应相比，市区公交等公营公交的反应相对来讲更耐人寻味。即使是价格管制放松后，公营公交的价格策略和经营策略，根本就没有很明显的改变。可能他们预计管制会放松，而在内部做了一些改革，但是在牵制竞争对手进入市场这一方面，根本就没有做出任何价格相关的承诺策略。而实际上，修正《道路交通法》实施后，的确有新竞争者借机进入市场。国营公交巴士虽然承担着京都市中心的交通运营，但自2002年秋季开始，大型出租车公司MK将车价调为200日元，比京都市国营的公交巴士公司便宜20日元，而且将发车时间统一为每隔10分钟一辆。

反过来讲，新的市场进入者能够预判国营公交在价格和服务上无法同自己对抗。札幌的市营公交最后决定撤出公交事业，将其移交给民营公交，其背后反映的事实就是在人工成本上无法同民营公交相比。市营公交同民营公交之间的员工工资差达到了1.5倍以上。人工成本不仅是市营公交的问题，也是所有国营公交的通病。从策略的角度可以预判，人工成本的负担问题，使得新的市场进入者最担心的降价竞争行为不会发生。如果国营公交所在政府的财务状况还可以，通过投入公共资金或许可以降价竞争，但是，从目前的状况来看，可能性非常低。

不过，札幌在将市区公交业务移交给民营公交后，其员工都派往市营地铁等其他公交部门就职。这些财大气粗的国营单位的服务看来是不会消失的。

减产经营的承诺效果

要想提高价格承诺的信赖度，方法之一是消除增产潜力。如果不能增产，即使对产品降价，销售额也上不去，自然也就没有利润。所以，以无法增产这个可信赖的方式做出承诺，可以强化价格承诺的可信性。

2001年中期，日本经济状况急速恶化，市场持续低迷，2002年日本政府严格控制钢铁、石油、化学等原材料产业中的过量供给，对产能过剩的设备进行停产、废弃处理。日石三菱集团

（现在的新日本石油集团）决定在2005年封锁集团所有的富山制油所，并报废其设备。乙烯以及聚乙烯等原材料制造巨头也决定在2001、2002年停运一部分生产设备，并商讨是否报废。

2001年年底，针对世界钢铁生产过剩的情况，经济合作与发展组织（OECD）讨论决定，同意裁减年产1亿吨钢铁的设备。日本政府公布了粗钢生产环节中占日本三分之一的2 800万吨产量的设备废弃案。有报道说，业内人士持否定态度，认为既然机器设备已经停止运行，报废不可避免，那么统计这些数据没什么意义。对此，日本经济产业省反击说，设备如果不报废，就有可能重新被启用，废弃案是有意义的。

老化、效率低的设备容易增加生产成本，从而导致利润降低。在产品价格低迷、经济不明朗的情况下，机器设备的运转本身就是一种损失，从追求利润的角度来讲，将机器设备停运是无可厚非的事情。但是，为什么停运机器设备还不够，还要报废呢？乍一看，只要机器还能用，保养这些机器设备的费用也不是太高，就这样报废的确是一种经济损失。再说，不管是停运还是废弃，产量也不会发生变化，产品的供给量也不会变化，对价格更是没有影响。所以，机器设备报废的理由就是，停运的机器设备的保养维护费用增加。

但是，从策略性角度来看，设备停产但不报废的做法与将设备报废的做法具有完全不同的意义。

如果机器设备报废，那就意味着减产的承诺是可信赖的，这有着非常重要的策略性效果。如果机器设备能运转，但只是将其停运来缩减产量，一旦需求增加，工厂又能立刻增产，这就给价格竞争带来风险。所以，从策略的角度来看，只有将设备报废才能保证不会对目前的产量产生影响，也能保证将来经济恢复时价格承诺也是可以信赖的。我们虽然不知道策略性思考究竟可以到什么程度，但是日本经济产业省反击时所讲的理由，倒是非常耐人寻味。

围绕价格维持的博弈

大家都知道，家电产品的定价销售做法已经是一种摆设，很多厂家也不再在产品上标注建议零售价。而索尼已经废除了所有家电产品的厂家指导价。

对厂家来讲，如果给零售店的批发价格是规定好的，那么经销商卖得多，厂家就赚得多，经销商的零售价越低，卖的也就越多。换句话说，如果某个厂家对自己的产品非常有自信，他们知道自己设定的批发价格与竞争对手相比具备很强的竞争力，但是如果这些零售店通过某种方式承诺以一个高的零售价格出售产品，就会损害厂家的利益。所以，定价销售，比如规定一个厂家建议零售价等，这些做法虽然容易在零售店之间实现一个可信赖的价格承诺的定价机制，但是没法达到厂家追求利润的目的，那些有实力的厂家最后肯定会撤销这种定价机制。

而零售店这一方，也在使用各种手段同对手进行竞争。相信很多人都看过零售店里的宣传广告：“如果本店产品价格比其他同类产品贵1日元，我们也立刻降价。”日本家电零售巨头，小岛电机和山田电机有很多店面都通过这种广告进行宣传，竞争非常激烈。从消费者的角度来看，家电连锁店竞争保证低价格，看起来商家是比较厚道讲良心。但是，如果从承诺的策略性效果的角度来看，我们还能发现商家的做法其实有其他目的。

从商家的广告词来看，我们也可以将其理解为：“其他同类产品价格如果同本店一样或者是比我店贵1日元，我们就不会降价。”也就是说，这些广告，其实是商家在向自己的对手传递一个信号，表明自己不想进行价格战，而是维持价格。对家电零售商来讲，如果能向所有的人承诺不打价格战是再好不过的事情。而这些看起来像是在打价格战的宣传广告，其实是商家在向对手传递信号，希望能起到避免价格战的效果。

问题就在于这个信号传递了价格承诺的可信性，而在无意中保障了这种可信性的，恰恰就是这些喜欢买便宜东西的消费者。如果其他店真的打起价格战，做出如此宣传的商家为了在消费者面前顾及自己的面子，也就不得不降价。毕竟群众的眼睛是雪亮的，所以，对消费者来讲，这些广告也是可以值得信赖的，同时对价格维持的承诺能得到同样在做策略性思考的其他店家的信赖。

实际上，有的商家虽然打出了这样的宣传广告，但是仔细调查就会发现，有时他们的价格其实比别家的要贵。山田电机在广告中说本店的价格要比其他家的价格便宜10%，但是有人指出事实并非如此，为此山田电机收到了公平交易委员会的警告，禁止对消费者做虚假广告。但是，不管怎么样，做出此类广告宣传的零售店，其目的绝对不是跟随其他家的价格而进行价格战，所以上述情况其实也没什么好奇怪的。

同时，更耐人寻味的是，山田电机在广告中甚至会提到这么一点："您可以将我们的折扣产品价格去和其他家的价格进行比较。"虽然这个做法表面上看来是警告其他竞争对手如果以某个理由公开降价，那么我店也会打九折进行价格竞争，而实际上他是在向他的竞争对手传递信号，婉转的建议大家不要公开降价进行价格竞争。在我的价格比其他家贵的情况下，我们会受到物价局的警告，这样，价格承诺的可信性以及我方不想发生价格战信号的可信度也就大大增加。从竞争的角度来思考时，其问题点就是，实际上并不是说价格不能便宜，而是公开承诺我方是想避免价格战的，这就是这类宣传广告的内在意义。

再说，我们并不能断定所有的人都明白这种策略性结造的内在意义。宫崎县的家电经销商丸诚电器在2011年打出广告说"绝对比山田电机的价格便宜"，甚至还发出传单进行宣传。在我看来，如果真是这样，除非双方的价格是一样的，否则无法维持一个均衡，最后都会爆发价格战。而实际上不可思议的是，山田电机以虚假广告的名义将丸诚电器告上了法庭。

通过差异化来避免价格竞争

像汽油、家电产品等这类大量生产的相同商品，如果分销的零售店多，这些店卷入价格战的概率就很大。但是，反过来想也就意味着如果零售店的商品没有直接竞争对手，那么零售店就更容易维持自己的价格、承诺自己的价格不变。极端的例子就是，某种商品只有一个公司独家供给。但是，**一般只要某企业提供的商品同其他竞争对手的有些差异，即通过一种策略性的产品差异，也可以创造一个更容易维持价格的策略性环境。**

前面讲到麦当劳发起的降价竞争，其实并没有把所有的快餐连锁店卷入到价格战中。天妇罗食品连锁店“天屋”Tenya的主打产品——天妇罗的价格从1989年创店以来一直都是490日元。2002年夏季限定菜单中的夏季天妇罗定价都是690日元。这不仅是因为天妇罗这种食品的特点及制作成本决定了它的定价，我更觉得是天屋特意在服务方式和店内的装修上面下了工夫，实现产品差异化。

天屋的事例中有两点值得注意。

第一，他成功地塑造了自己主打产品的品牌形象，向消费者展示自己是一家能便宜供应天妇罗盖饭的餐厅，而不是简单的供应廉价、速食的天妇罗盖饭的店。也就是说，如果消费者想吃简单便宜的东西，立刻就会想到盖饭，当天妇罗盖饭成为一个选择时，就会让人觉得牛肉饭和天妇罗盖饭都是一种速食品。最后，就会导致天妇罗盖饭连锁店和牛肉饭连锁店互相争夺客户。再进一步考虑，如果消费者对天屋的天妇罗盖饭的印象是一种速食品的话，那么汉堡之类的连锁店也就会成为它的竞争对手。那么前面所讲的价格战，天屋也很有可能会卷入。很显然，天屋的目标并不是那些为1日元而斤斤计较的客户群。也就是说，天屋并不是一个速食品店，而是一个价格便宜的盖饭品牌店，他通过塑造这样一个专门卖天妇罗盖饭的家庭式餐厅的方式，成功地实现了与其他餐厅的差异化。

第二，天妇罗食品连锁店并没有大规模的市场进入行为。天屋只要树立了天妇罗盖饭这个品牌，其他的快餐店菜单上即使列有天妇罗盖饭也无法同其竞争。对天屋能造成威胁的是做同样食品的专门连锁店。对此，490日元这个价格设定，估计是到目前为止牵制了大规模市场进入行为的一个价格准绳。对于潜在的市场进入者来讲，每日营业所带来的利润是否超过初期的投资成本是一个非常重要的标准。天妇罗盖饭的利润虽然比其他快餐要大，但是至少在目前情况下，天妇罗盖饭的客户群还谈不上足够大，不足以吸引前期大规模投资进入该市场。即使跟牛肉盖饭一样，大规模的连锁店进入这个市场并完成了前期投资，也很难维持一个价格来确保自己的利润。

迅销公司作为亚洲服饰零售企业，即使在零售行业不景气时仍然能够持续发展，但是在2002年利润却急剧下降。迅销公司以优衣库这一主打品牌取得高速发展的因素有以下三点。第一，控制销售产品的数量，在中国设厂一条龙生产，极大地降低了生产成本。第二，销售店全面实施成果主义，极大地提高了销售店的工作效率。第三，成功树立优衣库的代表性服装品牌——摇粒绒。但是，这些因素对其他的大型服装超市来讲是可以复制的。而实际上，优衣库销售利润的降低，就是因为需要对抗其他大型服装超市同类廉价商品而不得不降价。迅销公司当然还有存在压倒性优势的成本体系，也毋庸置疑是个优秀企业，但是，对已经进入的大型市场竞争者，迅销公司想要保持高利润而从价格竞争中逃离出来是不可能了。

瓦楞纸行业的例子就很微妙。前面已经说到瓦楞纸行业之所以发生激烈的价格战，是因为以往的商谈体系给该行业维持的利润太高，导致进入该行业的企业过度增加。这些企业的初期投资完成后，价格战也就不可避免了。但是，得益于《容器与包装物再生利用法》，瓦楞纸产品现在有很多新的潜在需求。相对于塑料容器、发泡苯乙烯容器的回收状况，纸质包装回收因为已经拥有较长的历史，瓦楞纸容器的废弃就更简单。另外，在技术层面上也发生了变化。现在波纹更小的微型波纹瓦楞纸问世，可以用于生产轻、薄、强度高的瓦楞纸产品。同时，防水抗菌的瓦楞纸产品现在也已经得到应用。也就是说，通过这个再生利用法，不仅扩大了瓦楞纸的潜在需求，同时能满足多用途的瓦楞纸被研制出来。这就是各企业对自己的瓦楞纸产品进行差异化制造的一个契机。

税收是针对经济活动的参与行为征收的一种服务费，所以也算是经济活动中价格的一种。因此，税收的种类、税率也是价格竞争的一个对象。美国的各个州在一定范围之内可以独自制定税收制度、规定税率，所以如果指定的税率比相邻的州低，就会引发竞争，能将别处的人或者企业吸引过来。但是，由于美国幅员辽阔，即使某个州的固定资产税再优惠，人们也不会远离自己的工作所在地，更没有可能把自己的店面搬到荒无人烟的地方。因此，由于距离、地域性这些自然的差异存在，即使税收再优惠，也不会引起竞争。

日本也一样，需缴纳的地方税的税额各地都不相同，虽然价格竞争的余地存在，但是并没有发生明显的税收下调竞争。企业活动所需缴纳的企业所得税每个国家都不相同，日本的企业所得税过高的确是一个问题。所以，这个也存在价格竞争的余地，之所以没有出现就是地域的差异所导致的。个人搬到税率低的国家定居是比较困难的，但对企业来讲，要将业务转移到税率低的国家却不是什么难事。所以，从长期来讲，企业所得税税率还是会引发国际范围的竞争。

产品的差异化之所以能够实现价格维持的目的，其实也就是通过产品服务的差异化来开辟更广阔的商业机会。差异化的实现方式有很多种。罗多伦咖啡馆是日本低价咖啡连锁店经营的首创者，而如今却被后起之秀——星巴克咖啡夺去了市场份额。不仅在日本，星巴克在欧洲也表现非凡。星巴克成功的因素有很多，从产品差异化的角度来看，咖啡厅内完全禁烟的规定可以说有很大贡献。在这样一个休闲的午茶店里，不让吸烟的确是有些讲不通，但是对不吸烟的人来说，烟味是极其让人难以忍受的。至少对于我这种讨厌吸烟的人来讲，仅凭星巴克咖啡没有烟味这一点，我就会选择星巴克。所以，即使是店家服务相似，但是在禁烟这一点上做出承诺，实现产品服务差异化，也能开拓出新的客户群。

第11章 拍卖

什么是拍卖

网上拍卖时下已经成为流行的销售方式，越来越多的人都习以为常了。拍卖这种销售方式是一种很古老的交易方法，但是拍卖的策略性结构非常复杂，很多理论上的问题目前还没有得到解决。

拍卖的形式有很多种，但不管是哪一种，商品的卖家都希望自己的东西能卖个好价钱，所以他们会尽量找出愿意出更高价格的买家。有时，通过关系或者是偶然的机会虽然能找到好的买家，但是对卖家来讲最有利的做法就是，通过拍卖会将潜在的买家齐聚一堂，以竞价的方法将自己的宝贝卖出高价。

1980年的夏季奥林匹克运动会在莫斯科举行。这次莫斯科奥运会的电视转播权被美国三大电视传媒机构之一的美国广播公司（ABC）以8 700万美元的竞标价夺得。1976年蒙特利尔奥运会的转播权费用是2 500万美元，1980年的普莱西德湖冬奥会的转播权费用是1 550万美元，既便算上物价上升、电视普及等因素，莫斯科奥运会的转播权费用还是高得惊人。其实，莫斯科奥运会的转播权是通过拍卖的方式转让的。蒙特利尔奥运会的转播权虽然也是ABC公司夺得，但是其他美国媒体并没有参与到转播权的争夺中来，也就是说当时ABC公司是在没有竞争的情况下就获得了转播权。

说到拍卖，最为发达的国家还是美国。在网上拍卖盛行之前，美国小型的拍卖会场就多如牛毛。你只要带上一件东西，在一个稍微有点规模的街道上都能找到一个拍卖场。无论家具、西服、餐具以及家用电器，还是一个说不上名字的破烂玩意都能在拍卖场拍卖交易。网上拍卖之所以在美国迅速普及，不仅是因为美国互联网的发达，同时也是因为这个国家本身就有着拍卖的传统。

拍卖商在拍卖中逐渐将物品的价格拍高，出价最高的那个人才能拍得物品，这种形式的拍卖方式大家最为熟悉。虽然没有正式的统计，但是可以推测这种形式的拍卖也是最多的。美国街角小拍卖场里的拍卖形式也通常是竞标的形式。拍卖商则是该拍卖场的代理人。拍卖场收取拍卖最后交易价格的一定比例作为手续费。

街角的拍卖场里拍卖的东西很多很杂，主要是书籍、餐具和家具等。比如现在有一套咖啡杯子等待拍卖。拍卖商取出该物品，向拍卖场上聚集的买家出示。

拍卖商拿起这个物品会这样对大家喊："大家快来看啊，我这有一套咖啡杯，本来里面有四个杯子，当然，现在只剩下三个，但是，如大家所见，杯子的外观非常精致。这可不是超市卖的普通咖啡杯，知道这是什么吗？这可是英国皇家御用的韦奇伍德陶器，如果能找到另外缺失的一个杯子，将这一套四个韦奇伍德咖啡杯收集全的话，价值可真不菲啊。"讲完之后，便将咖啡杯放在一边，然后不慌不忙地说：

"拍卖价就从1美元开始，1美元一套了，1美元谁要？"于是，买家中就有人噼里啪啦地举起手，表示自己愿意出1美元买下。这么精美的3个咖啡杯子才1美元，肯定会有很多人买。拍卖商见机，便将杯子以5美元、10美元这样的方式逐步将价格提高。于是，举手的人也就越来越少，最后就只剩下两三个人。

这时，拍卖商步步紧逼，抬高价格说："16美元，那位黑发的大姐，16美元要不要？要的话请举好你的手啊。17美元有没有人要？"这时，角落旁的一个坐着的男人动动身子，举起手。

"穿西装的那位先生出17美元，18美元的有没有？有没有出18美元的啊，请举手。"这时，后面传出一个声音："20美元！"

"好，现在出到20美元了，那位穿红色衬衫的出20美元。20美元了，20美元，谁还要？那位大姐，你还要不要？"

而这个大姐好像被说得痒痒了，就举起手说：“21。”

话刚落音红衬衫一口气就说：“25。”

“对方出到25美元了，你要不要。”拍卖商对着大姐说。

“27。”

“27.5美元。”红衬衫立即喊出。

“28美元。”大姐面带红潮地说。

这次红衬衫没再说话。

“现在，28美元了，那位大姐出28美元，28美元，还有谁要出价吗？没人要我就喊倒计时了。”拍卖商边说边飞快环视现场。倒计时喊完后便宣布：“那好，那位大姐以28美元获得该咖啡杯套装。”

就这样，咖啡杯好不容易拍卖出去了。过了几天，这位大姐惊愕地看到一模一样款式的咖啡杯一套四个总共才卖34.99美元。但已无法挽回，拍了就拍了，愿赌服输，责任全在自己。

拍卖的基本策略结构

那位黑发大姐竞拍这套破杯子的原因究竟在哪里呢？可以说是受到周围气氛的影响而头脑发热，但是请再仔细思考一下这个问题。首先，她不知道这套杯子的价值，正确地说，她不知道这套杯子对她来说究竟值多少，这很糟糕。如果在拍卖场你要竞拍某个东西，那你至少得知道与你要拍下的这个物品相似的产品大概价格是多少。后面我们会讲到，在网上拍卖中，从拍卖开始到结束之间，你其实有足够的时间去调查价格，所以要想知道这个物品的价值非常容易。

如果是想要拍下书籍之类的东西，那么就应该事先去看看它们的大概定价；如果是绝版书籍，就要去旧书店了解下大概的行情。拍卖场上经常有些酒店和游戏设施的优惠折扣券，对于这些东西也一样，事先应该调查清楚，拍得这些折扣券的话究竟能给自己省多少钱。值得注意的是，最近存在很多东西的实价跟定价不符合的情况。通常15 000日元的酒店通过优惠券8 000日元就能入住，其中的差价7 000日元就具有一个市场价值。其实，这是很武断的判断。最好的做法就是，调查一下通常情况下花多少钱能入住。特别是对于这种经常发布优惠券的酒店，更不能按他们的标准价格办理入住。对于那些无法做调查研究的商品，在拍卖中绝对不要出手。这是策略性考察前的原则。像古董、艺术品等，先不要说这些物品的价值如何，在连真假都不确定的情况下，想要推测商品的价值，就必须具备非常丰富的经验。对于这类东西如果不是内行人，哪怕自己再怎么有策略性思考能力也最好避而远之。

但是，话说回来，如果仅仅是知道这4个全新杯子的价格是34.99美元，也是不够的。在拍卖场上，还需要清楚的是自己究竟准备为这个物品支付多少钱？也就是说最高不会超过多少钱。假设在完全没有竞争对手的情况下，如果拍卖品的价格超过了自己本来愿意支付的最高金额，那么即使拍得该物品，也有得不偿失的感觉。就比如前面所讲的酒店优惠券，当事人知道通过旅行社来预订房间，10 000日元就可以入住。这样的话，相对于前面的15 000日元的标准价格，10 000日元便成了一个判断标准。这与8 000日元的优惠券相比差了2 000日元，这也是本人能够接受的金额上限。但是，实际上优惠券的取得及预约是需要花费时间精力的，将这个考虑进去的话，2 000日元再减去这个时间精力的成本，差不多就是本人愿意支付的最大金额。

对于那个咖啡杯套装，如果自己认为20美元可以接受，那么接下来要做的就很简单。在价格未到20美元之前，只需慢慢向上加价即可。因为既然自己准备以20美元拍下来，那么也就没理由在价格没到20美元之前就放弃竞价。当然，如果在20美元以下竞拍对手就败下阵来，相对来讲，自己就赚了。去过热闹鱼市的人都知道，拍卖的鱼拿出来之后，首先要考虑的是这条鱼能卖多少钱，之后再考虑自己应该花多少钱将这条鱼买进。如果是1 000日元能卖出，那就存在卖剩的可能性，而且自己还得细心照料好这些鱼，死鱼是卖不出去的。考虑到这些费用，那么即使自己能以1 000日元从渔农手中拍得鱼也没有利润可言。所以，在竞拍之前，首先脑海中就应该想到自己能支付的最高价格，即使不能拍到，也要保证自己最后不亏损。假设现在自己的目标价格是900日元，那么在出价涨到900日元钱之前就可以一直竞拍下去。如果运气好，在800日元处就竞拍获胜，那么应该高兴，因为自己还挣了100日元。

在拍卖场，如果买家冷静思考再做行动，就能推测出，自己的最高目标价格会被另外一个愿意出价更高的人喊出。最后的成交价格，就是中标者最后的竞争对手退出拍卖时的价格。因为排在中标者后面的那个出价第二高的人，会一直竞拍到自己的最高目标价格为止，所以，在所有竞拍人中，最高目标价格排第二的那个价格，会成为最后成交的价格。比如，假设现在有一箱鱼，4个贩卖鱼的商店愿意出的最高目标价格分别是1 000日元、900日元、800日元、700日元。如果价格超过700日元，700日元目标价的商店退出拍卖，达到800日元时，800日元的鱼店退出，拍卖价涨到900日元时，900日元目标价的鱼店退出。结果，最高日标价为1 000日元的人胜出，并且中标的价格是900日元。正确来讲，拍卖每次加价时都有一个最小金额，所以实际中标的价格会在900日元附近。

幸亏你现在正在看我这本书，以后要是碰见这样的拍卖会就能够冷静地思考自己所能支付的最高出价，这可不是每个人都有的机会。而很多去拍卖会的人，其目的只是为了拍赢。至于自己本人是否意识到这些其实不重要，这类人虽然早先已经想好了自己的目标价格是1 000日元，但是在竞拍中一时忘乎所以也就顾不上自己的目标价格了。如果对方不能按照我们前面所讲的理论冷静地采取行动，那么本来我们用1 000日元就能中标的物品，现在就是因为他而把价格拍到了2 000日元、3 000日元……甚至更多。对于这种头脑不冷静的人，除了忠告也没有其他办法。而且，往往就是这类人，虽然平时也有意识，但是偏偏一到了这种场合就变得头脑发热，实在让人无可奈何。如果拍卖现场有这类人的话，聪明的读者该如何应对呢？

答案是：仍然按照我们前面的理论操作不变。也就是说，当没有竞争对手时，首先就要问自己可以接受的最高拍卖价是多少，以这个价格为最高上限竞拍是最好的。而一旦不幸遇上那种无脑的竞争者，那么可能自己中不了标，但是要记住，超过了自己的目标价还继续竞拍就愚蠢至极了。所以，这种情况下就算竞拍失败也只能认了。如果没有这种无脑的对手，还是要按照前面所讲的理论操作，也就是说最佳策略就是给自己的拍卖价格设置一个最高上限。所以，在拍卖场，最佳策略便是，**无论别人如何做，自己首先要确定好自己的最高目标价格，并且只竞拍到这个价格为止，超过这个价格便放弃。**

举个很简单的例子说明下。现在有10 000日元的钞票用来竞拍，10个人来竞拍的话成交价会是多少呢？10 000日元钞票的市场价格也就是10 000日元，而且参与竞拍的人对这10 000日元钞票设定的最高目标价格也是10 000日元。所以，任何一个竞拍者都不可能以低于10 000日元的价格竞得该钞票，肯定会到10 000日元时为止。而至于谁能最后竞拍得胜，这就要看运气，反正最后的成交价是10 000日元。如果以10 000日元成交，中标的人当然一分钱也没挣，而没中标的也无须懊恼。对买家来讲，这种拍卖会是完全挣不到钱的。但是，在参与竞拍的10人当中，往往就有一个没有脑子的人最后以10 000日元以上的价格拍到这个10 000日元钞票。同这种人竞拍，只能是自认倒霉，但是希望你能明白无论怎样，前面讲的理论是一种最佳策略。

当然，这是一种比较极端的例子。现实中，竞拍的物品对每个人来讲其价值是各有差异的。可以推测，如果每个竞拍者对物品的评价都正确而且非常接近，无论最后谁拍得该物品，中标者所能赚取的利益不会太多。从卖家的角度来看，恰恰是这种拍卖才能赚得更多。拍卖之前卖家无法得知究竟谁对该拍卖品的估价最高，所以，他才会召集尽量多的买家来现场竞拍。后面我们将讲到的网上拍卖前景，就跟这个有关。

减价拍卖

与平常的拍卖相反，还有一种拍卖方式叫做减价拍卖，又称荷兰式拍卖（Dutch Auction），指的是拍卖人从高往低逐步降价叫卖，第一个举手应价的人将拍得物品。这种拍卖起源于荷兰的郁金香等鲜花的拍卖，在悉尼的鱼市上也有使用。在东京中央批发市场，其中有一个大田花卉市场，就对鲜花和盆栽花木进行减价拍卖。

你不可不知的博弈论名词
戦略的思考の技術

减价拍卖：又称荷兰式拍卖，指的是拍卖人从高往低逐步降价叫卖，第一个举手应价的人将拍得该物品。

通过降价来决定中标者，这听起来可能有点儿奇怪，在电影中经常看到的商人贱卖商品的做法其实也是属于减价拍卖。商场打折、周末出门时看到的服装店换季大降价等，实际上也是减价拍卖的一种。夏天看上一件短裙，但是要花30 000日元，价格确实有些贵，要是10 000日元倒是可以考虑。但是一周之后，却又突然发现这件短裙降到了15 000日元，于是便急忙势在必得般地带着信用卡杀到商店。这种情况用经济学来解释，短裙就是拍卖场上的商品，而卖短裙的商店就是拍卖商，买家就是非特定的众多顾客。拍卖商逐步对商品进行降价，第一个将商品买走的人，就是中标者。同样，在鱼店关门之际，用来做寿司的鱼的价格也会下降，这也是减价拍卖的例子，而鱼店在何时将减价的价格牌挂出来，其实也是一种非常好的策略。

大田花卉市场的拍卖是按照以下的顺序进行的。首先，在跟课堂相似的排好席位的阶梯拍卖场前有几个拍卖商，还有各种不同类型的花。假如现在拍卖商开始拍卖洋兰花盆栽，同时另外一个拍卖商开始拍卖菊花。每个拍卖商的后方，都各自有个巨大的液晶显示板。附近有个非常像巨型表的圆形显示器来显示拍卖价，同时上面还有该商品的种类、竞价单位（一箱、一盆等）、生产厂家等信息。圆形的拍卖价显示器里，嵌有环形的小灯，左下方则是有一个从0开始的按照顺时针方向价格逐步上升的刻度。

拍卖商对拍卖的商品，一边进行检查，一边对买家添加简单的说明。比如说什么花叶已经开始枯萎，告诫买家要的话就要赶紧下手等，拍卖也就这样悄然开始。拍卖人准备开始拍卖时，整个圆形的显示器会突然间亮红灯，然后几乎同时从右边开始灯又以极快的速度一个个熄灭。这是用来显示价格的下跌情况。买家座位前面的桌子上有一个投标用的按钮，按下这个按钮，就表示该买家以显示器所显示的价格获得购买该商品的权利。

减价拍卖的最大优点是缩短了拍卖时间。传统的拍卖形式是逐渐不断地淘汰买家，在中标价格附近时，拍卖价的上涨速度会变得很慢。但是，减价拍卖就不会发生这样的情况，只要有一个买家有购买意愿，瞬间就能定标。在大田花卉市场的拍卖中，各种商品从拍卖开始到结束只有几秒钟，即使算上说明的时间，每件商品也只需花上不到一分钟的时间完成交易。

那么，在减价拍卖中，应该采取什么样的策略呢？拍卖商通过调节其公开的拍卖价来确定中标者这一点，与传统拍卖是一样的，但是两者的策略性结构却是相差十万八千里。比如，对某件商品，你的最高支付意愿价格为10 000日元。在传统拍卖中，只要拍卖价格没有超过10 000日元就继续竞拍，如果达到了10 000日元就放弃，无论别人怎么做，这都是最佳策略。

但是，在减价拍卖中，事情就没这么简单。价格在10 000日元以上当然不会去竞拍，但是要思考的就是价格正好在10 000日元时中标的问题。如果真是在10 000日元中标，其实也没很大利益，所以，在价格降到10 000日元的时候，还需要继续忍耐。究竟要忍耐到什么程度就要看其他买家的策略。假设能知道别的买家在5 000日元也不会拍下，那么不妨一直忍耐到5 000日元附近，如果不知道，那么在忍耐中就有可能就被别人拍走了。

所以，在价格降到10 000日元以下时，我们何时出手就依赖于其他竞拍者的策略。也就是说，在传统的拍卖中，我们的最佳策略可以是独立的，与竞争者的策略无关，但在减价拍卖中，则不存在这种独立的最佳策略。要找到最合适的策略，必须要预测其他竞拍者的策略，那就意味必须要考虑那些没有脑子及行为古怪的人的举动，这就非常折腾人。所以，在减价拍卖中，明智的行动需要有一种感觉和经验，可以说这种减价拍卖是一个专业的拍卖形式。西服的折扣和关店时刻的食品卖场打折，同样也是专业的拍卖场所，而在这里又有很多经验丰富的人，所以这个拍卖功能才会起作用。

另外，从拍卖商的角度来看，增价拍卖和减价拍卖究竟哪种更好是非常微妙的。增价拍卖的中标价格一般都是以竞拍者中价格第二高的价格成交，所以，乍一看似乎是减价拍卖更有利。但是，减价拍卖中并不是谁都以自己愿意支付的价格竞标。所以，本来愿意出高价购买的人由于自己在忍耐，等待价格下降，导致中标价格可能会非常低，远远低于第二高的价格，这些得失的确需要好好评估一番才行。

竞标

竞标也是拍卖的一种形式。参与投标的人相互之间都是独立的、不知道他人的报价。投标结束开标后，出价最高的投标人以该投标价购买该商品。通常的商品拍卖，都是出价最高的那个人可以其出价购买该商品。公共设施的工程建设招标，在形式上就是一个竞标，此时的拍卖人就是公共设施建设招标单位，一般是国家、地区或者是特殊法人代表，而商品就是获取工程建设项目这一权利。能招到更低的投标价格，对拍卖方来讲是最有利的。

竞标的结构与减价拍卖是完全相同的。因为在减价拍卖中，只有中标者的出价才会被公布。假设在竞标中以5 000日元投标，那么在减价拍卖中就要一直等到价格降到5 000日元。如果在拍卖价未能降到5 000日元就被其他人抢先拿标，那么差不多可以断定，中标的人肯定出价在5 000日元以上。

网上拍卖自动竞价系统

现在网上拍卖越来越普及。美国是个网上拍卖非常发达的国家，这既得益于美国的网络高度发达，同时也得益于美国很早开始就有拍卖的传统，所以在美国，大大小小的拍卖场都不少。现在日本也有很多人利用网上拍卖来展示、拍卖自己的商品，如果将那些喜欢收集古玩的人考虑进去，人数也是非常可观的。

在日本，网上拍卖的网站数不胜数，但是交易量占绝对优势的还是雅虎拍卖网站。在美国，交易量最大的拍卖网站是eBay，雅虎拍卖除了在日本盛行外，在其他国家并不是主流，在有些国家雅虎甚至撤出了网上拍卖业务。但是，不管怎么样，拍卖的规则基本都是相同的，现在就以日本雅虎拍卖为例进行说明。

雅虎拍卖是按照以下规则来进行的。首先展出的各个商品都有一个产品说明以及有关拍卖的简单信息，并且写有拍卖时间和最低价格，即到目前为止的最高竞标价格。基本的规则同传统拍卖是一样的，也就是最后出价中标的人会以出价金额成交。但是，这与一大群竞拍者在现场竞拍又有所不同，买家的数量是不确定的，同时网络买家也是根据自己的时间，不定期地在网上参与竞拍。

所以，在雅虎网上拍卖中，拍卖商不是当着所有现场的买家逐步出价，而是在某个拍卖时间段内，有购买意愿的买家可以随时在网上竞拍。有购买意向的买家，只要在卖家的拍卖时间范围内以高于最低拍卖价的价格竞拍，就能竞拍成功。而竞拍的具体操作方法，就是在网页弹出的窗口输入金额，再按确认键就行，几秒就能搞定。在拍卖结束后，中标的人只要以他投标的价格就能从卖家手中获得购买该商品的权利。

只是，加价的最小单位应该是多少是个问题，如果是以1元、1分为单位竞标，那竞拍价格差距太小，价格根本上不去。所以，一开始就要设置好竞拍的最小价格单位。如果最高价格在1 000～5 000日元之间，最小单位是100日元，如果是5 000~10 000日元，则是250日元。比如，某件商品在某个时间段的最高价格是 3 000日元，那么下一个竞拍者开出的价格必须是3 100日元。

在雅虎拍卖中，买家根据自己的节奏逐步往上加价，这与一般的拍卖有些不同，但是，相同的是，这些精明的拍卖人抓住了买家的心理，掌握了买家节奏，使得自己的商品价格逐渐提高。所以，雅虎拍卖的策略性结构和一般的拍卖是一样的，即有购买意愿的竞标人首先要确定好自己的最高目标价格，只要在拍卖时间内别人的价格还没有超过自己的最高目标价，就可以继续以更高的价格竞拍，当然，新的竞标价格要基于最小的价格单位。如果竞拍的价格超过了自己的目标价格，那么就放弃竞标，这就是最佳策略。

但是，因为是在网上进行，所以这个最佳战略必须在拍卖有效期内进行，不能在拍卖的商品快要结束的时候人却不在电脑旁边。如果是刻意抽时间守在电脑旁边，从成本上考虑，前面所讲的策略或许就不一定是最佳的。

针对此，雅虎拍卖在竞标上设置了标准的自动竞价系统。在这个系统中，首先要输入自己的最高目标金额，如果其他竞争者的出价比自己的最高目标金额低，那么系统默认你还是出价最高的竞标者，会自动为你再次出新价竞标，一旦超过了设定的最高目标价格，系统便会自动放弃竞标。但是，输入的最高目标金额别人是不知道的，所以，只要自己在系统中设定好最高目标金额，系统自动就会为你实现最佳策略的竞拍。换句话说，只要你自己事先在系统中输入最高目标金额，之后就可以什么都不用做（即自己只需要做第一步，投一次标），只要在拍卖结束后打开电脑看结果就行。

但是，所有的买家都使用自动竞标系统时，每个人设置的最高目标金额和投标价格的变动会出现一些有趣的现象。下面举个具体的例子来进行说明。

假设现在有本书拍卖，时间截止到某日的下午5点。A看到这个拍卖时卖家的标价是1 000日元，所以A就在系统中设置了最高目标金额1 300日元。投标的最小单位价格是100元，所以系统就自动为A以1 100日元（1 000+100）的价格投标。如果此时，正好还没有一个人出价超过1 100日元，那么A就是当下的中标者，界面上会显示中标价格。而后，到了下午3点，B也看到了这个拍卖，系统自动为B以1 200日元的价格竞标（1 100+100），A的系统也自动做出反应，以1 300日元的价格再次竞标，B继续做出回应，以1 400日元的价格竞标。这时，竞标的最高价格已经超过了A最初设定的最高目标金额，所以A便不再竞标。于是就轮到B中标，中标价格为1 400日元，购买权利便由A转向出价更高的B。

现在，C在下午4点又以1 400日元的最高目标金额参与竞标，这时他的投标价格是1 500日元（1 400+100），B就会瞬间自动以1 600日元竞标。C不会再出更高的价格，中标权依然还是B，但是B回家后打开电脑就会看到界面的竞拍价格突然就变成了1 600日元。站在B的角度来看，虽然自己将最高目标价格设置为1 800日元，但这个价格过高了，导致自己因为其他人的竞价而被迫出更高的价格，如果将价格设置得稍微低一点，就不会遭受这样的损失。所以，考虑到这一点，雅虎拍卖的买家，不再事先设定最高目标金额竞标，而是在设置的时候参考当时的即时竞标价格，然后以略高于这个价格的金额来竞标。

但是，这样一点点地更改最高竞标价格非常麻烦。这种做法虽然的确是最佳策略，出价只需要比当时的最高竞标价高就行，但是时间上成本太高，还是不建议这么做。本来这个系统能够自动选择最合适的策略进行竞拍，而我们却根本没有好好去利用这个优点。守在电脑旁不断更新自动投标的竞标价格的，除了那些时间多没事干的人，还有就是那些完全不理解策略性结构的人。对于上班族，我不建议这么操作。

再说，即使最后的最高价格比自己本来愿意支付的最高价格要低，但是之后又会有人抬高价格，所以操作起来还是很难。现实中，很多人会在拍卖快要结束时突然就出高价竞标。这种行为就是通常所说的“秒”拍，本来还以为这东西要到手了，可是往往最后又有人秒拍，这样就搞得人不爽，于是自己又提高价格回敬对方。如果这么下去，就会导致自己血往上涌，失去理智，最后产生一个不管多少钱也要拍下的心态。如果失去理智，就会导致自己因情绪不稳定而陷入不停竞标的状态中，尽管竞拍价格已经超过预定的金额。其实，在拍卖这样一个特殊的气氛下，要冷静地应用自己制定的超过最高目标价便放弃这一策略是非常难的。本来定好最高出价3 000日元，很有可能就会因一时头脑发热而不断以高价竞标。所以，**一开始就在系统中设定好自己的最高目标金额，然后自动竞标，就能避免头脑发热的情况，系统也就能充分为我们执行最佳竞标策略。**

而这一点，拍卖方或多或少也已经了解到，所以，每个网站都在使用自动竞标系统，使用方法也很简单，只要用一次就能很好地上手。

拍卖策略结构中的微妙之处

此前所讲过的理论，前提都是自己愿意支付的最高目标价格在拍卖中是不会发生变化的。在拍卖中，我们认为是存在最佳策略的，但是在拍卖开始之前，我们对拍卖的商品价值事先应该有个认识。其实竞拍者在拍卖中也有可能重新修改自己愿意支付的最高价格。这就是拍卖策略中的微妙之处。

我们来思考下这个例子。现在有一本自己非常喜欢的少年漫画，打算以最高10 000日元的价格拍下来。但是，上网一看，发现竞标的人非常多，竞拍价格也不断上涨，早已突破了自己的最高目标价格。竞标者这么多，可能说明该少年漫画的价值要比我当时预想的要高。所以，通过竞标者很多这个信息，经过重新思考，将最高目标价格调整为20 000日元或许更合理。此时，我们可以说，调整最高目标价格为20 000日元就是合理的行动。很多人都是通过这个思考方法来修改最高目标价格。

然而微妙之处在于，通过这种方法竞拍稀有商品时蕴藏着危险。也就是说，参与竞标的人根据拍卖进展，可能会恶意修改最高目标价格，有的卖家就会滋生一个动机，找代理人参与拍卖，借此来抬高商品的拍卖价格。说得通俗一点，就是找“托儿”。

前面提到的1980年的莫斯科奥运会转播权拍卖，其中就有一个饶有趣味的故事。莫斯科奥组委宣布独家转播权将通过拍卖的方式出售，然后向美国三家主流电视媒体说明相关规则，并让他们参与竞标。而拍卖开始后，除了三大电视媒体外，还有另外一家名为SATRA的名不见经传的网络媒体也参与竞拍，其目的就是为了抬高竞拍价格。

如果大家都没意识到“托儿”的存在，那么对卖家来讲无疑是有利的。现在不管这个“托儿”是否存在，买家估计拍卖中混有“托儿”，就没有动机加价竞拍，甚至不会参与竞拍。用策略性分析的语言来表达，如果“托儿”的存在与否无法观测，就意味着可能会发生道德风险问题。拍卖中即使不存在“托儿”，因为道德风险的存在，拍卖也无法成立，这不管是对拍卖商还是拍卖会的主办方来讲，都将是个悲剧。

所以，在竞价拍卖中，主办方通过对参与竞争的拍卖者进行身份验证，或是采用会员制等方式来消除“托儿”，以此向参与拍卖的买家承诺拍卖中不会存在“托儿”。但是，在匿名性高的网上拍卖中，要排除“托儿”就是个很难的问题。首先网上拍卖的卖家和买家注册的是网名，如果卖家在网上挂出拍卖品后再注册另外一个新账号来抬价竞拍，也很难查出来。雅虎拍卖虽然也实施收费注册制，的确具有消除“托儿”的策略性承诺意义，但是，注册账号的资金要求并不高，所以这个效果究竟有多大争议较大。

另外，拍卖的结束方式也会产生一些微妙的问题。前面所讲的拍卖理论，前提是只要有新的竞拍者出价拍卖就继续。也就是说，只要存在出价竞拍的人，拍卖就不会终结。拍卖商都是在拍卖场跟所有竞拍者确认不再有新的出价者才会宣布拍卖成交结束。但是，在网上拍卖中，买家的数量是不确定的，也无法确认是否存在其他出价者。所以，网上拍卖中就有个时间限制，拍卖只考虑在这个时间段参与竞价的人。

但这个时间限制，又会发生一些什么样的策略性插曲呢？假设，某商品的拍卖结束时间是晚上11点。如果参与竞拍的人都是理智的，并且都采取最佳策略，也就是说他们都只在系统中输入一次最高目标价格，其他什么都不变。事实上，这些在晚上11点之前就投标拍卖的人与拍卖会现场参与竞拍的人情况是一样的。但是，如果此时有个疯狂买家出现，并将拍卖价提高，你又会怎样操作呢？如果是这样，在系统中一次性输入最高目标价格的策略不能变，但是应该跟这位疯狂的买家一样，在拍卖时间马上就要结束时操作。因为离拍卖关闭还有足够时间的话，那个疯狂的买家便会不断竞拍商品将价格抬高。当然，如果真是这样，竞拍失败自己也没什么损失，但是如果能够抢在排名关闭前竞拍，不给疯狂买家机会，自己就可能以相对便宜的价格中标。换句话说，对那些疯狂的买家以其人之道还治其人之身的方式，能保证自己的利益最大化。

在雅虎拍卖中，卖家可以设定延长拍卖时间，即要是在拍卖快要结束时，通过自动对拍卖时限进行延长，给那些进一步出价竞拍者时间。所以，如果情况是这样，而正好又被疯狂买家利用，那么对我们来讲是不利的。因此，最佳策略还是在系统中输入自己的最高目标价格，让系统自动竞拍。

对于拍卖商来讲，应该更倾向于采用延长拍卖期限的做法。当然，如果所有的竞拍者都采取合理、最佳策略，那么不管是否自动延长拍卖期限，结果都是一样的。但是，正是因为存在一些不按常理出牌的竞拍者，他们可能会提高拍卖价格，所以自动延长拍卖期限可能会提高最后中标的价格。这个说法究竟是否正确，现在还不能说清，因为目前手头没有详细的数据，还有待调查。

网上拍卖的前景

目前网上拍卖还处在普及阶段，前景如何还很难预测。很多人都认为IT时代的商业都是传统的经济理论所无法说明的。就比如网上交易的同一个东西，却被标成了不同的价格。实际上，网上拍卖中相同商品不同价格交易的情况非常多。

但是，必须要注意的是，理论中所讲的相同价格对应相同的物品只存在于抽象的世界中，现实世界中根本就不存在完全一模一样的事物。经济理论中所讲的“一物一价”原则，顶多是在抽象世界的一般说法，并不代表在现实世界中也是这样。实际上，超市里买的泡菜，从严格意义上来讲，一物一价这个说法也是不成立的。一般人在超市购买泡菜也并不是随意拿起就走，而是不断挑选后才放进购物篮。也就是说，对于本来价值就不相同的东西我们强行统一价格，消费者会产生筛选的动机，这就很好地证明了“一物一价”这一单纯解释根本就不成立。只有游戏软件等这类性质相同、大量流通的商品，如果去追究它们的交易价格，才可以发现这种商品接近“一物一价”的原则。

另外，任何一个事物刚开始出现时，参与者一般都有一个适应的问题。有些人在不了解网络拍卖的策略性原理以及内在结构的情况下，仅凭感觉和胆量也来参与拍卖，以至于产生了额外不必要的花费，买了一些不需要的东西。时间一久，等他们明白网络拍卖是怎么一回事，学会了策略性思考后，或者是因为忍受不了网络拍卖的损失，最后也就不再参与拍卖了。也就是说，随着网络拍卖的普及，人们将不再头脑发热，冷静行动的人会越来越多。或许只有等到那个时候，才能确定是否有必要重新修改经济理论。

网络还存在匿名诈骗的问题。比如买家拍得物品后不付款、卖家收到款后却不发货，或者是虚假宣传、假冒伪劣产品等许多案例层出不穷。这种诈骗行为，会严重挫伤买家的购买欲望，这与“托儿”的存在是大同小异的。所以，拍卖平台的提供者，要极力去消除这种诈骗行为。这不仅是道德问题，如果不这么做，网站流量会逐步减少，参与者会流失，最后就会被淘汰。拍卖平台的提供者为了追求自己的利益，存在消除诈骗行为的动机。雅虎的注册账号收费制，就是一个很好的做法，这种制度实施后诈骗行为有了明显减少，从这一点来看，就是策略性的信号甄别系统在发挥作用，筛选出了一批可靠的参与者。可以预见在不久的将来，可能会成立一个聚集网络拍卖网站的第三方团体，他们将为防止欺诈而不断努力，并将这个信号传递给潜在的拍卖参与者。

后记

大学毕业后我一直待在学校，从来没有在企业待过。所以，别说是经营企业，就连大家经常说的每天挤公交车上班也都没经历过。本书中所选取的身边的事例，也是我绞尽脑汁才想到的，所以，这些例子可以说是有些奇怪。读者可以通过这些事例来阅读这本书，再充分利用本书中所讲的策略性思考方式来思考自己周围生活中的真实例子。

前面已经说过，本书是一本博弈论的入门书。但是，我写作本书的目的只是为了能用简单的语言来描述策略性思考方法，而不是罗列博弈论的整个理论体系。比如，任何一类讲述博弈论的书中，肯定都会反复出现“囚徒困境”这一事例，而我却故意省略。囚徒困境这一例子在博弈论中毋庸置疑占有很重要的位置，但是，读每本书都是同样的这一个例子就显得太没有意思了。而且，很多其他书籍都有跟囚徒困境类似的例子，所以，我也极力避免再用。这本书相对来讲稍有偏颇，如果读者不仅对博弈论有兴趣，而且还想做学问，那么除了阅读这本书外还应该去看看其他的博弈论书籍。

这本书的内容，大部分反映了1996—2001年间我在筑波大学授课时的经历，以及同学生交流中获得的想法。如果没有那段时间的经历，我想我也写不出现在这本书。所以，我要感谢那些通过各种方式与我沟通的学生们。

最后，我要深深地感谢我的妻子由纪子，她不仅阅读了整个原稿，而且在我执笔时，也指出了很多我所不知道的常识性问题。

梶井厚志

译者后记

既然梶井厚志先生没有将困境囚徒的例子举出来，那么我就不妨画蛇添足来完善一下，因为没有探究过微观经济学和博弈论的人毕竟还是大多数，而且即使在大学里修习了微观经济学的人也不一定注意到了这个有趣的例子。

如作者所说，很多书中都有提及困境囚徒或与之相似的例子，所以为了保证例子的权威性，我完全引用罗伯特•平狄克教授所著的《微观经济学》中文版第六版中（第447页）的内容。例子是这样的：

> 两囚徒被指控是一宗罪案的同案犯。他们被分关在不同的牢房且无法互通信息。各囚徒都被要求坦白罪行。如果两囚徒都坦白，各将被判入狱5年；如果两人都不坦白，则很难对他们提起刑事诉讼，因而两囚徒可以期望被从轻发落为入狱2年。另一方面，如果一个囚徒坦白而另外一个不坦白，坦白的这个囚徒就只需入狱1年，而另一个将被判入狱10年。如果你是这两个囚徒

之一，你会怎么做——坦白还是不坦白？

支付矩阵（图1）归纳了各种可能的结果（注意“支付”是负的；支付右下角单元的意思是两个囚徒各判2年徒刑）。正如该表所反映的，这两个囚徒面临着一种困境。如果他们能都同意不坦白（以一种共同遵守的方案），那么各人只需入狱2年。但他们不能共谋，并且即使能共谋，他们可以相互信任吗？如果囚徒A不坦白，他就要冒着被他先前的同谋犯利用的危险。无论怎样，不管囚徒A怎么选择，囚徒B坦白总是优选方案。同样，囚徒A坦白也总是优选方案，所以囚徒B肯定担心如果不坦白，他就会被利用。因此，两囚徒大概都会坦白并被判入狱5年。

		囚徒B	
		坦白	不坦白
囚徒A	坦白	–5，–5	–1，–10
	不坦白	–10，–1	–2，–2

图1 囚徒困境支付矩阵

例子就是这么简单，但是由此引发的思考却非常多。至少我当时在读这本书，尤其是看到这个事例时，我就在想将来的工作中，以至生活中、人际关系中，是否都会遇到这样一个选择。

而事实上，就在我翻译这本书的时候。这样的选择，具体说是方案策略的选择已经发生了。同样一个产品，在中国有两个代理商，我所在的公司便是其中一家，为了获取更多的销售额，我们围绕着是否降价而纠结。大家都知道，市场大小是一定的，降价便意味着侵占对方的市场份额。而更不利的是，虽然都是代理商，我们的实力还是比对方的弱很多，在此情况下，价格战究竟打不打？最后，我们还是选择了价格战，虽然当时下指令的不是我。结果是，我们输了。我们采取这个行动之后，我不清楚竞争对手究竟做了什么具体行动，但是可以推断的是，对方肯定也已经降价，而且，价格应该比我们还低。销售额下降之后，大概在八九月份，我立刻提高价格，恢复到价格战前的水平，目的是告诉对方我们不想打价格战，甚至当时我们本可以在某价格（价格战之后的价格）成交的情况下也拒绝降价，目的也是想告诉对方我们的价格承诺。当然，这个做法已经是亡羊补牢了，而且没有用了。因为存在承诺的可信性以及本书中所讲过的套牢问题，要想恢复到价格战之前的状态已经不可能了。两家代理商都是价格战的受害者，而我方的受害程度最大。因为我方在本来已经处于劣势的情况下，却率先发动价格战，破坏了市场均衡。

当然，经济、市场环境是极其复杂的，以上的阐述可能都只是其中的一部分原因而已。但可以肯定的是，博弈论的思考方法存在于社会生活的各个角落，不仅是市场活动、经济活动，即使在人与人的交往、沟通中这种思考方法都非常有效。以至于我在面试应聘人员时，都喜欢询问对方：如果你在跟客户或是供应商进行价格谈判，会怎么做，会采取什么方法和手段？我的上司、同事都说，价格谈判就是一个斗智斗勇的过程，当然这是没错的。但依我看来，根本性的问题就是博弈，谁在这个谈判过程中摆出充足的理由，而且时刻站在对方的角度思考问题，并从他们的角度考虑可能采取的行动策略、反应后，我方再采取行动，并给予对方合理、适当的动机以刺激，一般情况下谈判结果都会对我方有利。

其实在我们的日常生活中还有很多这样的事例，在此就不一一列举了。博弈论的确是一门很闷的学科，但是只要结合实际情况去思考，其实是非常有意思的。而到目前为止，我也只是窥视了其中的一点点，还需要更多的阅读、思考和学习。

最后，要感谢黄美玲小姐帮忙翻译了第5章的内容，以及于晓峰小姐、渡边浩子女士对其中某些段落的准确释义提供了帮助。

吴麒
2011年12月 深圳

一切为了您的阅读体验

我们出版的所有图书都将归于以下两个品牌

找“小红帽”

为了便于读者在浩如烟海的书架陈列中清楚地找到我们，我们在每本图书的书脊上部47mm处，全部用红色标记，称之为——小红帽。同时，“小红帽”上标注“湛庐文化”字样，小红帽下方标注所属图书品牌名称。湛庐文化主力打造两个品牌：**财富汇**，致力于为商界人士提供国内外优秀的经济管理类图书；**心视界**，旨在通过心理学大师、心灵导师的专业指导为读者提供改善生活和心境的通路。

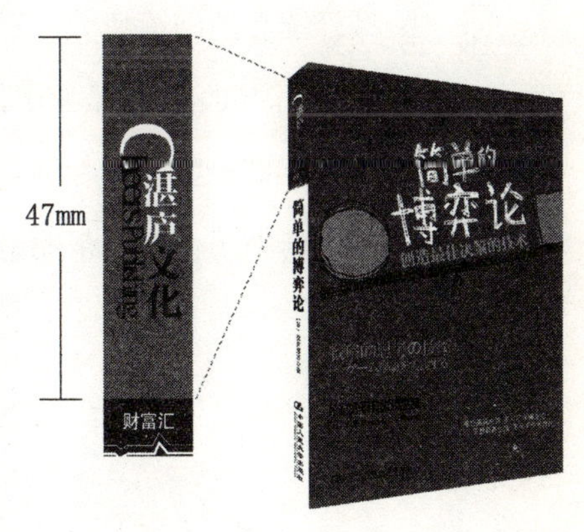

找“湛庐文化”

我们所有出品的图书，在图书封底都有湛庐文化的标志和“湛庐文化”的字样。

用轻型纸

您现在正在阅读的这本书所使用的是轻型纸，有白度低、质感好、韧性好、油墨吸收度高等特点，价格比一般的纸更贵。

关注阅读体验

我们目前所使用的字体、字号和行距，是在经过大量调查研究的基础上确定的，符合读者阅读感受。每页设计的字数可以在阅读疲劳周期的低谷到来之前，使读者稍作停顿，减轻读者的阅读疲劳，舒适的阅读感觉油然而生。

所有的一切都为了给您更好的阅读体验，代表着我们“十年磨一剑”的专注精神。我们希望我们能够成为您事业与生活中的伙伴，帮助您成就事业，拥有更为美好的生活。

湛庐文化2008-2010年获奖书目

《牛奶可乐经济学》

国家图书馆“第四届文津奖”十本获奖图书之一，唯一获奖的商业类图书；

搜狐、《第一财经日报》“2008年十本最佳商业图书”。

用经济学的眼光看待生活和工作，体验作为“经济学家”的美妙之处。

《大而不倒》

英文版入围“《金融时报》·高盛2010年度最佳商业图书最终候选榜”，是美国《外交政策》杂志调查发现的全球思想家正在阅读的20本书之一。

“蓝狮子·新浪2010年度十大最佳商业图书”，《智囊悦读》“2010年度十大最具价值经管图书”。

全球政要和首席执行官争相阅读的危机启示录。

一部金融界的《2012》，一部丹·布朗式的鸿篇巨制。

《金融的王道》

“蓝狮子·新浪2010年度最佳金融商业图书”。

汇丰集团主席倾尽毕生心力叩问灵魂之作。

一代银行家眼中的历史与世界，300年资本市场的得失与未来。

《facebook效应》

英文版入围“《金融时报》·高盛2010年度最佳商业图书最终候选榜”。

搜狐2010“读本好书”年度十佳好书，“蓝狮子·新浪2010年度十大最佳商业图书”。

首度公开facebook非凡创业的26个细节，马克·扎克伯格及40多位facebook核心高管倾情讲述。

《稻盛和夫自传》《在萧条中飞跃的大智慧》

《稻盛和夫自传》“蓝狮子·新浪2010年度十大最佳商业图书”。

稻盛和夫亲笔撰写的唯一传记。

一代经营之圣的成长历程，一位商界智者的梦想之旅。

《在萧条中飞跃的大智慧》被《21世纪商业评论》评为“2009年度最受商业领袖关注的书籍”。

日本“经营之圣”稻盛和夫谈危机下企业的生存之道。

《真实的幸福》

《职场》“2010最具阅读价值的10本职场书籍”。

积极心理学之父马丁·塞利格曼扛鼎之作，哈佛最吸引人、最受欢迎的幸福课。

希腊三部曲：**《追逐阳光之岛》**、**《桃金娘森林宝藏》**、**《众神的花园》**

新闻出版总署“第六次（2009年）向全国青少年推荐百种优秀图书”之一。

“希腊三部曲”仿佛艾丽斯仙境与伊甸园，充满好闻的味道、缤纷的颜色、可口的食物、柔软的触感、奇怪有趣的人物和无尽的爱、学习与玩乐。

延伸阅读

《牛奶可乐经济学》

◎ 荣膺第四届“国家图书馆文津图书奖”
◎ 经济学不可思议、难以理解？实际上，它的基本原理简单又实际。
◎ 提取日常生活中100多个事例，教会您用经济学眼光看待生活和工作，体验作为“经济学家”的美妙之处。

《简单的投资学》

◎ 不掌握正确的投资知识，就永远不可能积累财富和拓展财富！
◎ 30年按揭买房值不值？
◎ 教育投资能不能得到最终回报？
◎ 为什么投资老手也会遭遇“滑铁卢”？？

《简单的逻辑学》

◎ 位列台湾诚品网络书店英文畅销榜第1名。
◎ 被香港中文大学奉为40本英文经典著作之一。
◎ 广受哈佛师生喜爱、被哈佛大学校内书店视为皇冠书籍。

《简单的心理学》

◎ 一本小书，带你彻底认识自己的精神世界。
◎ 日本最受欢迎的自我心理保健书。
◎ 涵盖人际关系、智力开发等诸多方面，易懂实用的通俗心理学书籍。

《投资决策中的心理博弈》

◎ 现代投资组合理论之父 诺贝尔经济学奖得主哈里·马科维茨隆重推荐
◎ 顶级行为金融学专家大卫·阿德勒倾情奉献。
◎ 直觉，何时该听信他？何时又该弃之不理？

图书在版编目(CIP)数据

简单的博弈论 / （日）梶井厚志著，吴麒译. —北京：中国人民大学出版社，2012

ISBN 978-7-300-14883-0

Ⅰ.①简… Ⅱ.①梶… ②吴… Ⅲ.①博弈论 Ⅳ.①O225

中国版本图书馆CIP数据核字（2011）第268045号

简单的博弈论

［日］梶井厚志　著

吴麒　译

Jiandan de Boyilun

出版发行	中国人民大学出版社		
社　址	北京中关村大街31号	**邮政编码**	100080
电　话	010-62511242（总编室）		010-62511398（质管部）
	010-82501766（邮购部）		010-62514148（门市部）
	010-62515195（发行公司）		010-62515275（盗版举报）
网　址	http://www.crup.com.cn		
	http://www.ttrnet.com（人大教研网）		
经　销	新华书店		
印　刷	涿州市星河印刷有限公司		
规　格	145mm×210mm 32开本	**版　次**	2012年2月第1版
印　张	8.125 插页2	**印　次**	2012年2月第1次印刷
字　数	152 000	**定　价**	36.00元

湛（zhàn）**庐**（lú）

铸剑大师欧冶子『十年磨一剑』，炼就了『天下第一剑』湛庐剑。

——《吴越春秋》记载